2e SÉRIE, No 5.

BIBLIOTHÈQUE RURALE

INSTITUÉE

PAR LE GOUVERNEMENT.

MANUEL DE CULTURE MARAICHÈRE.

PARTIE THÉORIQUE.

INTRODUCTION.

Notre travail se divise en deux parties distinctes, dont l'une est du domaine de la science, mais de la science populaire et appliquée, de celle qui est à la portée de tout le monde; c'est la partie qui traite de la théorie du jardinage dans ses rapports avec les agents extérieurs; elle a pour base la vie des plantes: l'autre, entièrement pratique, comprend l'art des mains, lesquelles ne devraient jamais se mouvoir sans être dirigées par l'intelligence.

Il existe peu de bons livres sur les éléments scientifiques de la culture; les uns sont écrits en anglais ou en allemand, les autres sont trop volumineux ou trop coûteux, ou bien encore ils sont trop savants et hérissés de formules, de signes hiéroglyphiques et de termes plus ou moins étranges et incompréhensibles à celui qui n'a pas été préalablement initié aux petits mystères du grand temple de la sagesse.

Aucun n'est spécialement adapté à la Belgique. C'est ce qui nous a engagés à écrire, sous une forme peu volumineuse, méthodique et compacte, une introduction qui pourra servir de guide à toute personne qui se donnera la peine de la parcourir; heureux si nous avons pu par nos recherches contribuer quelque peu au bien-être de notre belle patrie!

Nos maraîchers, quoique travailleurs actifs, hommes rangés et intelligents, sont malheureusement encore bien loin de pouvoir lutter avec les jardiniers des environs des villes de Paris et de Londres, villes où la culture qui nous occupe a atteint de nos jours son maximum de perfection. Nos restaurateurs, nos marchands de comestibles, nos gourmets, sont tributaires de Paris pour leurs primeurs, et cependant quelles sont les causes qui peuvent nous empêcher de faire produire à nos jardins aussi bien que ceux d'une ville étrangère tout ce que le palais le plus délicat peut désirer? Après mûre réflexion, nous croyons pouvoir résumer en peu de mots ce qui manque principalement chez nous, et c'est dans le seul espoir de combler ces lacunes et d'éclairer nos compatriotes que nous avons écrit le présent ouvrage.

Voici ce que nous pensons :

1° Les opérations de défoncement, de terreautage, de paillage et d'arrosement laissent beaucoup à désirer et sont imparfaitement pratiquées en Belgique.

2° Les abris sont mal construits et trop peu nombreux.

3° La culture des primeurs, si lucrative cependant et si peu difficile, est presque totalement négligée.

4° Les saisons des semis sont mal combinées.

5° Aucun système rationnel d'assolement n'est suivi nulle part.

6° Il y a ignorance et malheureuse insouciance pour tout ce qui regarde le choix des meilleures variétés de légumes à cultiver.

7° La succession graduelle des produits, de manière à pouvoir en obtenir toute l'année au moyen des semis successifs, de variétés particulières et d'expositions variées, laisse tout à désirer.

C'est sur tous ces points importants que nous nous sommes principalement appuyés dans la partie pratique de notre livre; nous avons toujours indiqué les meilleures variétés les plus nouvelles, cultivées en France, en Angleterre et ailleurs; nous avons déterminé l'époque la plus favorable des semis de ces diverses plantes pour la Belgique; nous avons parlé des règles principales qui doivent diriger dans le choix et la création d'un jardin maraîcher; nous avons détaillé avec soin les principales opérations tant générales que spéciales des cultures.

Que l'on ne croie pas que nous nous sommes fait illusion sur les difficultés du sujet que nous avons traité; nous n'avons reculé devant aucun point important; nous aurions sans doute, nous le savons bien, pu en dire encore beaucoup plus; si nous sommes parvenus à rendre clair, pratique, et à mettre à la portée de tout le monde tout ce que nous avons exposé, nous serons assez récompensés de nos peines.

Nous croyons ne pouvoir mieux faire que de résumer ici en un seul tableau méthodique et sommaire tout le contenu de notre livre; on appréciera ainsi sa valeur d'un seul coup d'œil.

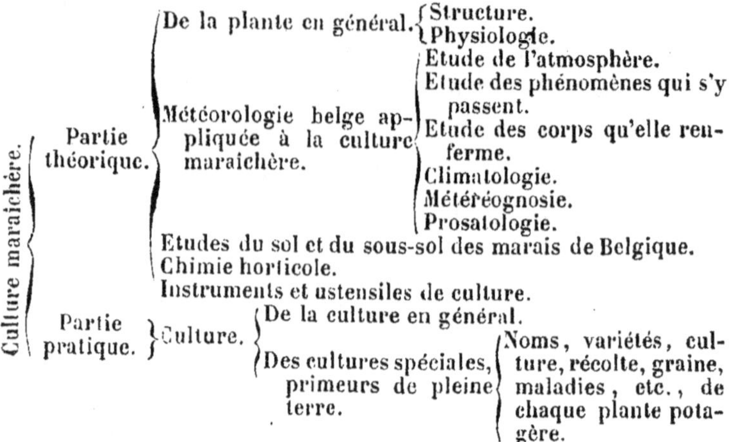

Il nous semble superflu de faire ici l'éloge du sujet qui nous occupe; l'utilité d'un art qui fournit à l'homme ses principaux aliments ne saurait être contestée.

Dans l'ouvrage que nous livrons aujourd'hui à la publicité, il se trouve sans doute quelques redites; malheureusement les deux traités réunis par la décision ministérielle étaient dans l'origine destinés à former chacun un livre à part plus ou moins complet, de sorte qu'en les fondant ensemble il en est inévitablement résulté le léger inconvénient que nous venons de signaler.

Chaque auteur ne pouvant accepter que la responsabilité de ses propres œuvres, nous croyons devoir informer nos lecteurs que toute l'introduction théorique est due à la plume de M. Deby, toute la partie pratique à M. Rodigos.

Bruxelles, le 8 décembre 1851.

TRAITÉ ÉLÉMENTAIRE

DE

CULTURE MARAICHÈRE.

CHAPITRE PREMIER.

DE LA PLANTE.

La plante est un être vivant qui naît, croît et meurt; elle diffère surtout de l'animal par l'absence de toute mobilité volontaire et de sensibilité appréciable, ainsi que par le jeu différent de certaines fonctions organiques.

La plante, comme l'animal, digère, respire, sécrète, excrète; mais les produits de sa digestion, les gaz absorbés par sa respiration, les substances sécrétées par ses glandes et les matières excrétées, diffèrent essentiellement de celles qui se rapportent aux animaux.

Tout végétal est formé intérieurement de deux sortes de tissus (trames) : ce sont le *tissu cellulaire* et le *tissu fibreux*.

Le tissu cellulaire est formé par la réunion d'une multitude de fort petites vésicules (vessies) à parois minces et membraneuses, lesquelles renferment des substances solides, liquides ou gazeuses : ce sont les *cellules* (fig. 1).

Le tissu fibreux ou vasculaire est composé de *fibres*

creuses, plus ou moins allongées et fermées aux deux extrémités. Quand ces fibres sont simples, on

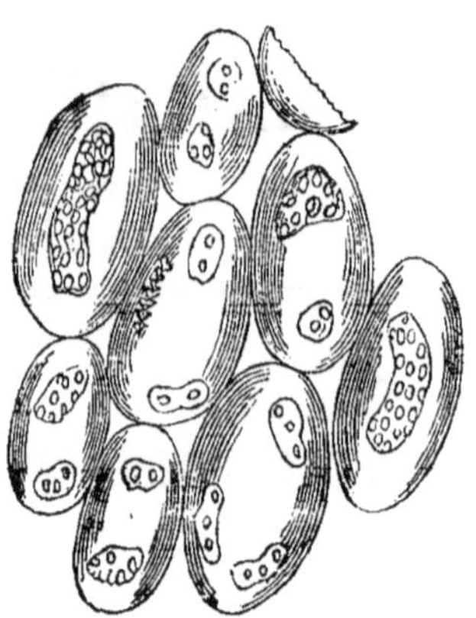

Fig. 1.

les appelle *vaisseaux séveux ;* ceux-ci servent à l'ascension de la séve. Quand les fibres creuses sont de longs tubes renfermant intérieurement un fil solide et tourné en spirale, ce sont des *trachées* qui servent à la circulation de l'air dans l'intérieur du végétal. Quand les fibres s'anastomosent, c'est-à-dire se réunissent sous forme d'un réseau, ce sont des *vaisseaux laticifères* par lesquels descend une grande partie de la séve. Toutes ces parties ne se distinguent bien qu'à l'aide de verres grossissants (fig. 2, 3, 4).

Fig. 2.

Fig. 3.

Tous les organes d'une plante sont formés de cellules jointes à des fibres, ou de cellules seules.

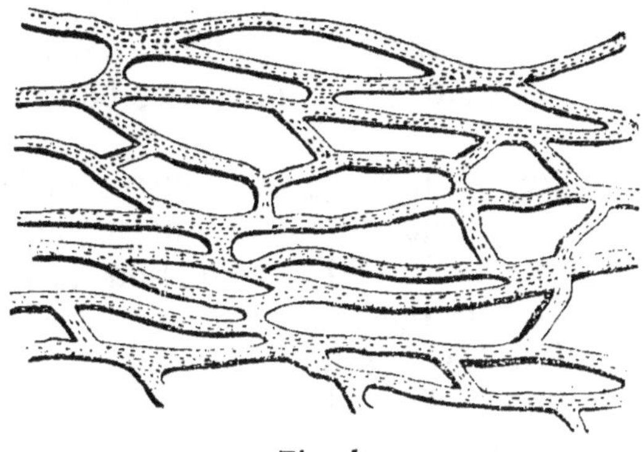

Fig. 4.

Dans tout végétal on remarque une *racine* et une *tige,* qui sont caractérisées par leur croissance en sens inverse.

Chaque filet de la racine est terminé par une bouche absorbante nommée *spongiole;* celle-ci est formée par du tissu cellulaire mis à nu par l'absence de l'épiderme ou de la peau extérieure de la plante (fig. 5).

Fig. 5.

L'absorption des matières fluides a lieu par un phénomène de capillarité (1) entre les cellules; le liquide pénètre dans les vaisseaux séveux contigus

(1) Phénomène par lequel des liquides tendent à monter dans des cavités extrêmement petites.

en traversant leurs parois qui sont perméables à tous les corps fluides.

Les matières absorbées par les spongioles sont l'eau et toutes les substances solubles dans l'eau.

La plante, comme on l'a bien dit, boit, mais ne mange pas.

Le labourage, le hersage et d'autres opérations, n'ont d'autre but que de multiplier le nombre de spongioles ou de faciliter l'introduction de matières alibiles dans ces organes.

L'assimilation (la fixation dans le végétal) des substances alibiles absorbées par les racines paraît déterminée d'une manière constante pour chaque espèce de plante; la nature intime de ce phénomène a échappé jusqu'ici aux recherches des botanistes.

Toute la théorie des engrais et des assolements repose sur les fonctions des spongioles radicales.

La tige supporte des organes particuliers nommés *feuilles;* celles-ci sont les poumons de la plante et servent à sa respiration.

La face inférieure des feuilles porte une multitude de petites bouches qui peuvent s'ouvrir et se fermer et que l'on appelle *stomates;* ces stomates communiquent à l'intérieur avec de petites cavités nommées *cavités pneumatiques* (fig. 6 et 7).

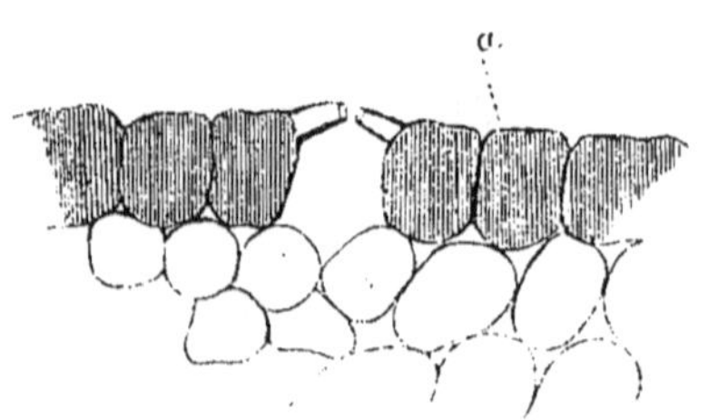

Fig. 6.

Pendant le *jour*, l'air atmosphérique (1) pénètre dans la feuille à travers ces bouches (stomates), et le

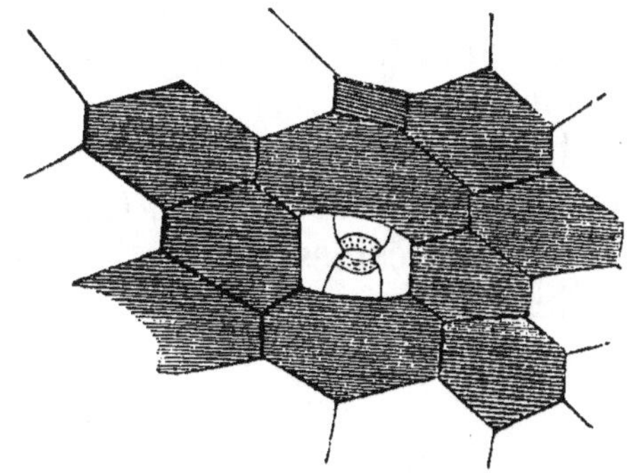

Fig. 7.

gaz acide carbonique (2) qu'il contient y est décomposé dans ses deux éléments primitifs, le carbone et l'oxygène : le premier se fixe dans les tissus de la plante au moyen de la séve qui le recueille ; le second est absorbé par les trachées et circule dans ces parties pendant un certain temps, après lequel il est en grande partie rejeté au dehors pour servir à la respiration des animaux. Pendant la nuit la respiration des plantes diffère; à cette époque, elles rejettent de l'acide carbonique et non de l'oxygène.

La tige renferme du tissu cellulaire, ainsi que des vaisseaux séveux, des trachées et des vaisseaux laticifères disposés dans un certain ordre.

La nourriture liquide de la plante entre par les spongioles des racines ; de là elle passe dans les vaisseaux séveux en prenant le nom de *séve ascendante*, crue ou non élaborée. Les vaisseaux séveux la portent jusque dans les feuilles ; là le carbone de l'acide car-

(1) Formé de gaz oxygène, de gaz azote et de gaz acide carbonique.

(2) Le gaz acide carbonique est formé par la combinaison de deux corps simples, le carbone et l'oxygène.

bonique de l'air s'y combine, et une partie de l'eau de la séve se dégage; nous avons alors la *séve élaborée* ou celle qui doit servir à la nourriture des parties nouvelles de la plante (c'est le sang artériel des végétaux) : on l'appelle encore *séve descendante* ou *latex*. Cette séve élaborée circule dans les vaisseaux laticifères et dans les cellules de l'écorce. C'est le latex qui produit la fécule, les résines, les matières extractives et la plupart des parties utiles ou savoureuses qu'on retire des végétaux.

En automne la séve quitte les feuilles pour se rendre dans les racines où elle passe l'hiver; c'est pourquoi les feuilles mortes ne contiennent pas de principes nutritifs, tandis que celles qui ont été séchées avec le latex qu'elles renfermaient (le foin, etc.), sont, au contraire, très-nourrissantes.

L'on a observé que toute plante pour vivre exige du gaz azote, de l'acide carbonique, de l'oxygène, de l'eau, de la chaleur, et généralement de la lumière. L'électricité doit jouer un rôle plus ou moins direct sur la végétation comme sur tous les corps de la nature.

Certaines plantes, outre ces conditions d'existence, réclament de plus des aliments particuliers qui leur sont propres; ce sont divers sels minéraux, lesquels sont décomposés à l'intérieur de la plante, comme nous le verrons plus loin en parlant d'alimentation végétale.

La lumière agit sur la respiration des plantes et sur la fixation du carbone dans leurs tissus. La couleur verte des feuilles n'est due qu'à la présence de particules de charbon d'une extrême ténuité renfermées dans les cellules de la feuille; l'absence de lumière amène toujours *étiolement* ou perte de coloration.

La feuille porte à sa base un petit corps écailleux nommé *bourgeon*, lequel devient plus tard *branche*, *fleur* ou *épi*.

La tige diffère par sa structure anatomique, selon qu'on a affaire à une plante dicotylédone (germant avec deux feuilles séminales; exemple, une fève) (1), ou à une plante monocotylédone (croissant avec une seule feuille séminale; exemple, un grain de blé), ou enfin à une plante acotylédone (exemple, un champignon) (2).

Chez les dicotylédones, en procédant du centre de la tige vers la périphérie, nous rencontrons successivement diverses couches concentriques; ce sont la *moelle*, l'*étui médullaire*, le *bois*, l'*aubier*, le *liber*, l'*enveloppe cellulaire* et le *derme* (fig. 8).

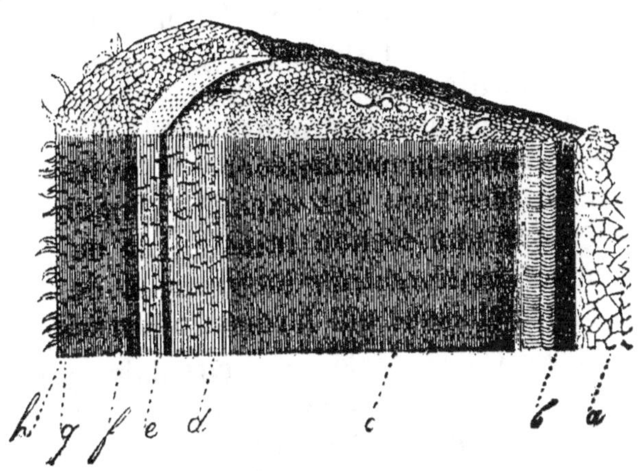

Fig. 8

La moelle est formée de tissu cellulaire; elle sert à nourrir le jeune bourgeon; la moelle de la tige

(1) Les feuilles séminales sont les premières qui paraissent quand la plante se développe hors d'une graine qui commence à germer. (Voir fig. 7, *a*.)

(2) Naissant sans feuilles séminales.

communique avec celle des branches et forme, en traversant le bois et les autres couches, ce qu'on appelle les *rayons médullaires*.

L'étui médullaire renferme les trachées ou vaisseaux aériens (fig. 8, *b*).

Le bois est formé par des vaisseaux séveux, mais qui sont encroûtés intérieurement par une substance dure particulière, la *lignine;* c'est du vieil aubier qui ne sert plus à rien dans la vie de la plante ; c'est une partie morte (fig. 8, *c*).

L'aubier, composé de vaisseaux séveux, sert à l'ascension de la séve non élaborée ou montante (fig. 8, *d*).

Le liber, l'enveloppe cellulaire et le derme constituent *l'écorce;* c'est par eux que s'opère la descente de la séve élaborée. L'écorce est formée par des cellules et des vaisseaux laticifères (fig. 8, *efgh*).

Cette organisation s'observe chez les arbres et chez la majorité des plantes que nous cultivons.

Chez les plantes monocotylédones, dont les céréales et les graminées sont des exemples familiers, l'on rencontre, par une section transversale de la tige, d'abord une *cavité centrale* interrompue de temps à autre par des cloisons qui forment des *nœuds;* cette cavité centrale est vide. Ce tube circulaire plus ou moins épais est formé par une quantité de tissu cellulaire dans lequel plongent de gros faisceaux fibreux (des bottes de fibres). Chacun de ces faisceaux est occupé au centre par des vaisseaux séveux (c'est de l'aubier par où monte la séve), et à la périphérie par du liber par lequel redescend la séve (1). Chaque

(1) Chez les palmiers et d'autres monocotylédones, la cavité centrale de la tige manque ; les fibres plongent alors dans toute la substance du tronc d'une manière symétrique, découverte par le célèbre botaniste allemand Hugo Mohl.

faisceau de fibres d'une plante monocotylédone joue le même rôle que la tige entière d'une plante dicotylédone (fig. 9).

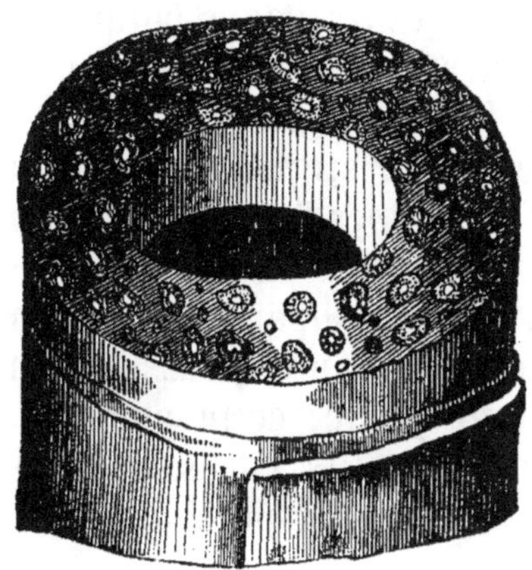

Fig. 9.

La fleur est l'organe reproducteur des végétaux; elle est composée d'organes mâles, d'organes femelles et d'enveloppes protectrices de ces organes.

Les enveloppes florales sont, en allant du dehors en dedans, les suivantes :

1° Les *bractées,* petites feuilles ordinairement vertes et qui manquent quelquefois; la réunion des bractées, quand elles sont multiples, s'appelle l'*involucre* (fig. 7, *a*).

2° Les *sépales,* parties généralement vertes, ordinairement assez nombreuses et dont l'ensemble forme le *calice* (fig. 7, *b*).

3° Les *pétales,* lamelles diversement colorées dont la réunion constitue la *corolle* (fig. 7, *c*).

Les organes mâles ou *étamines* sont placés intérieurement à la corolle; ils sont formés d'une tige mince nommée le *filet*, lequel est surmonté par une petite boîte nommée l'*anthère* (fig. 7, *d*).

L'organe femelle, placé au centre de la fleur, est le *pistil;* on y distingue trois parties : le sommet, lequel est généralement un peu renflé et qu'on appelle *stigmate;* 2° la base ou *ovaire,* dans laquelle se trouvent de petits corps arrondis nommés *ovules,* et qui deviendront plus tard les graines; et 3° une partie intermédiaire entre le stigmate et l'ovaire : c'est le *style* (fig. 7, *efg*). Certaines fleurs renferment plusieurs pistils qu'on nomme alors *carpelles.*

L'anthère ou portion supérieure de l'organe mâle renferme intérieurement une poussière qui est d'ordinaire de couleur jaune; cette poussière est organisée et consiste en petits corps dont la forme est déterminée pour chaque espèce de plante : c'est le *pollen* (fig. 7, *h*).

Afin que l'ovule devienne *graine*, il est nécessaire que le pollen tombe sur le stigmate, et que le contenu des grains de pollen passe de là dans l'ovaire; on nomme *fécondation* ce phénomène physiologique.

Diverses causes accidentelles peuvent amener la perte ou la destruction du pollen : telles sont la pluie, les brouillards, etc.; on nomme cette maladie des plantes la *coulure*, et l'on dit qu'une plante a coulé lorsque la stérilité est due à cette cause.

Lorsque le phénomène de la fécondation s'est passé normalement, la *maturation* du fruit s'opère. Cette maturation est due à la fixation dans la graine et dans ses enveloppes de certains principes, tels que le sucre, la fécule, les acides, etc.

Le *fruit,* formé généralement par l'ovaire tout entier, renferme la *graine* ou germe de la plante future; ce qu'on appelle d'ordinaire fruit n'est que l'enveloppe protectrice ou la partie charnue qui recouvre la graine.

La graine contient à son intérieur la jeune plante en miniature sous forme rudimentaire; on nomme ce dernier corps *embryon*. L'embryon est enveloppé par des corps particuliers nommés *cotylédons* ou feuilles séminales; ils sont au nombre de deux chez les plantes dicotylédones, d'un seul chez les monocotylédones (fig. 7, *k*).

Les cotylédons fournissent à l'embryon sa première nourriture : ce sont les mamelles de la plante.

L'embryon présente à sa partie supérieure les rudiments des premières feuilles du végétal; on nomme cette portion la *plumule;* inférieurement l'on aperçoit ce qui deviendra la racine : c'est la *radicule;* entre la radicule et la plumule se trouve le *collet* ou ligne de démarcation entre la tige aérienne et la racine.

On nomme *germination* le développement de l'embryon qui devient plante. La germination n'a lieu que sous l'influence de la chaleur et de l'humidité, deux phénomènes qui nous font aborder l'étude de la météorologie horticole.

CHAPITRE II.

MÉTÉOROLOGIE BELGE APPLIQUÉE A LA CULTURE MARAICHÈRE.

La *météorologie horticole* comprend l'étude de l'atmosphère, des corps que celle-ci peut renfermer et des phénomènes qui s'y observent, eu égard à leur influence sur la végétation; elle indique en outre les moyens à suivre pour préserver les récoltes des perturbations météoriques.

On divise généralement la météorologie en trois branches; ce sont :

1° La *météorologie proprement dite*, laquelle s'occupe d'une manière générale de l'atmosphère et des phénomènes qui s'y passent (1).

2° La *climatologie*, qui nous apprend la manière dont les divers phénomènes atmosphériques varient d'une façon plus ou moins constante, selon les diverses parties du globe (climats) que l'on étudie (2).

3° La *météorognosie*, dont le but est de nous indiquer les phénomènes futurs par l'observation des phénomènes présents, ou, en d'autres mots, de pronostiquer l'état prochain du temps d'après des données actuelles.

Nous y ajouterons :

4° La *prosatologie*, qui nous enseigne la manière de préserver les récoltes des influences malfaisantes produites par des causes atmosphériques.

Voici en un seul tableau le résumé de notre chapitre sur la météorologie.

Météorologie horticole.	Météorologie proprement dite.	Étude de l'atmosphère.	
		Études des phénomènes qui s'y passent.	Des vents De la température. De l'électricité. De la lumière.
		Étude des corps (météores) qu'elle renferme.	Pluie, vapeurs, grêle, brouillards, neige, etc., etc.
	Climatologie.	Notions de géographie botanique. Station. Situation. Climat général de la Belgique. Influence du climat sur la végétation.	
	Météorognosie.	Détermination du temps par l'étude des météores. Id. par l'étude des animaux. Id. par l'étude des plantes, etc.	
	Prosatologie.	Abris permanents. Abris temporaires.	

(1) Le meilleur traité élémentaire sur cette matière est, en français, le *Cours complet de Météorologie*, par Kaemtz. (Paris, 1843. 8°.)

(2) Un bon livre à consulter sur la climatologie est le *Cours d'Agriculture* de M. de Gasparin, t. 2, Paris, 1844, ainsi que les travaux de *Géographie botanique* de MM. Meyet et de Humboldt.

I. — MÉTÉOROLOGIE PROPREMENT DITE.

La météorologie proprement dite comprend, comme nous l'avons déjà fait remarquer, l'étude de l'atmosphère, des phénomènes qui s'y observent et des corps qu'il renferme.

L'étude de l'atmosphère (A) nous apprendra sa composition, son poids, son épaisseur, son influence directe ou indirecte sur les plantes, ainsi que l'indication des matières accidentelles qui nagent dans sa masse.

L'étude des phénomènes qui se passent dans l'atmosphère (B) nous fera aborder les sciences physiques et nous instruira sur la nature des vents, sur la chaleur, sur la lumière, sur le froid et sur l'électricité.

L'étude des corps que renferme naturellement l'atmosphère (C), et qu'on appelle *météores*, renferme la connaissance de tout ce qui se rapporte aux brouillards, aux nuages, au serein, à la rosée, à la gelée blanche, à la pluie, à la neige, au grésil, au verglas, à la grêle, etc.

A. — De l'atmosphère.

1° *De l'atmosphère en général.*

L'atmosphère ou l'air qui nous entoure est normalement formé de deux gaz invisibles et incolores : ce sont l'*azote* et l'*oxygène*.

Cent parties d'air (volumes) renferment 20,81 % d'oxygène et 79,19 % d'azote, y compris quelques millièmes d'*acide carbonique* (lequel est un autre gaz particulier formé par une combinaison de carbone avec de l'oxygène).

L'atmosphère forme autour de la croûte solide de notre globe une couche dont l'épaisseur moyenne est de 16 à 17 lieues, mais qui est variable dans de certaines limites par suite d'ondulations qui se manifestent à sa surface supérieure.

L'atmosphère est un fluide élastique qui résiste de tous côtés à la pression ; il possède un poids propre, c'est-à-dire qu'il est soumis aux lois de la gravitation.

Le *baromètre* (1) est un instrument qui nous indique l'épaisseur, la pression ou la pesanteur de l'atmosphère. Cet instrument consiste en un tube recourbé, lequel est bouché à l'extrémité supérieure, tandis qu'il est ouvert à sa portion inférieure ou recourbée. L'on conçoit que si l'on verse du mercure (ou tout autre fluide) dans la portion ouverte, une colonne d'air, dont la base égale la section du liquide ou le diamètre du tube, viendra peser de tout son poids sur ce mercure, et forcera son ascension dans la partie supérieure du tube, laquelle extrémité supérieure on aura eu soin de priver d'air préalablement à l'introduction du mercure. Comme la couche atmosphérique varie plus ou moins en épaisseur et partant en pesanteur, l'on comprend que le mercure montera plus haut dans la portion vide du tube quand l'air sera plus lourd et pressera plus fort sur sa surface dans la partie recourbée, tandis qu'il descendra au contraire plus bas lorsque la colonne d'air diminue en hauteur.

Le poids de l'atmosphère en Belgique (Bruxelles) fait monter le mercure à une hauteur moyenne de 756 millimètres dans un bon baromètre.

L'épaisseur de la couche atmosphérique qui pèse sur une localité peut varier par suite de la dilatation

(1) Voir *Forbes*, Report on Meteorology, vol. 1, p. 235, et Edinbg. new. philos. Journ., vol. IV, p. 108.

produite dans certaines de ses parties par la chaleur solaire ou terrestre; par suite de la hauteur du lieu au-dessus du niveau de la mer; par suite de l'attraction solaire ou lunaire qui produisent des marées atmotsphériques analogues à celles qui s'observent dans la mer, et par suite de quelques causes moins manifestes.

Il y a donc des variations périodiques régulières et des variations irrégulières dans la hauteur du baromètre.

La colonne barométrique varie de quelques centièmes de millimètres à diverses heures du jour; pour citer un exemple, en 1849, à 9 heures du matin, le baromètre marquait 756^{mm},91, à midi 756^{mm},73, à 4 heures du soir 757^{mm},50, et à 9 heures du soir 756^{mm},85; le baromètre se trouve donc le plus haut à 9 heures du matin, puis à 9 heures du soir; il se trouve le plus bas à 4 heures du soir et à midi.

C'est généralement au mois de février, époque de l'ascension rapide de la séve du printemps, que la plus forte pression atmosphérique se fait remarquer. Le baromètre indiquait en 1849 (1) comme hauteur moyenne 763^{mm},72, tandis qu'au mois de décembre précédent cette hauteur n'était que de 758^{mm},20.

L'atmosphère renferme généralement, quoiqu'en faibles quantités, diverses substances accidentelles qui peuvent avoir une action, soit bienfaisante, soit délétère, sur les plantes et sur les animaux; ces substances sont surtout l'ammoniaque, l'acide nitrique, la soude, le sulfate de chaux, le chlorure de sodium, la poussière atmosphérique (mélange hétérogène d'une foule de matières différentes) et les miasmes, lesquels paraissent être dus à des corps organiques hydro-

(1) Observations faites à neuf heures du matin.

génés. L'eau sous diverses formes s'y rencontre en grandes quantités. Dans le voisinage des usines, certains gaz, tels que l'acide sulfureux, le chlore, l'acide hydrochlorique, l'acide nitreux, l'oxyde de zinc, etc., se répandent dans l'air en proportions considérables et agissent également sur les végétaux.

2° *Action de l'atmosphère sur la végétation.*

L'atmosphère agit sur la végétation de deux façons; elle agit : 1° par son influence directe sur les organes des plantes, et 2° indirectement par les corps qu'elle renferme.

A. *Action directe.*

L'atmosphère par son poids propre influe sur l'ascension de la séve dans les spongioles des racines des végétaux; c'est un phénomène analogue à celui qui fait monter et qui tient en équilibre le mercure dans un baromètre (1).

Plus l'air est pesant, plus la couche d'air est épaisse; plus la séve montera avec force et vitesse, et plus la plante croîtra.

Les végétaux de plaines sont élevés; ceux des montagnes rabougris; ceci est dû tant à la pression atmosphérique différente qu'à la variation de température produite par une altitude inégale.

B. *Action indirecte.*

L'action indirecte de l'atmosphère, par suite des corps qu'elle renferme, est ou bienfaisante ou délétère; nous étudierons séparément chacun de ces cas.

Action bienfaisante (corps servant à la nourriture des végétaux) (2).

(1) Ceci n'est pas encore prouvé d'une manière irrévocable
(2) Nous approfondissons cette partie en chimie agricole.

Les corps organiques morts qui se pourrissent dégagent constamment du carbone; l'air fournit à ce carbone une certaine quantité de son oxygène, afin de produire une combinaison connue sous le nom de gaz acide carbonique; celui-ci se dégage dans l'air; cet acide carbonique est absorbé par les plantes vivantes (soit en dissolution dans l'eau par les spongioles radicales, soit à l'état gazeux par les stomates); il se décompose dans l'intérieur de la plante dans ses deux éléments primitifs, le carbone et l'oxygène. Le carbone se fixe dans les portions solides des végétaux; l'oxygène est, en majeure partie, bientôt rejeté au dehors, après toutefois avoir circulé pendant un certain temps dans les trachées. Plus une plante reçoit de gaz acide carbonique, plus aussi son développement ligneux prend d'accroissement (1).

Les corps organiques morts en putréfaction dégagent en outre de l'azote qui se combine en naissant avec l'hydrogène de l'eau (qui se trouve en contact), et forme un corps particulier connu sous le nom d'ammoniaque; cette substance, soluble dans l'eau, se répand dans l'atmosphère. Elle y est recueillie par l'eau des pluies, et entre avec elle dans les racines des végétaux. La plante décompose cette ammoniaque, retient son azote et rejette partiellement son hydrogène. Ce dernier, en se combinant avec une portion de l'oxygène qui provient de la décomposition de l'acide carbonique, forme de l'eau, laquelle se dégage par la transpiration des feuilles.

L'atmosphère renferme en petites quantités de l'acide nitrique, corps composé d'azote et d'oxygène

(1) Il paraît que, passé certaines limites, ce gaz n'est plus favorable à la culture; les plantes croissent cependant bien dans une atmosphère artificielle, qui renferme quatre-vingt fois la quantité d'acide carbonique répandu naturellement dans l'air.

(lequel est également un produit de la pourriture organique). Cet acide entre dans la plante avec l'eau de la pluie; il est décomposé dans la plante qui retient l'azote et dégage l'oxygène.

Certaines plantes spéciales s'approprient, comme nourriture propre, divers sels particuliers; c'est l'air qui les leur fournit en partie : la soude, le sel marin, la poussière atmosphérique même (1) sont probablement de ce nombre.

Ces sels, afin de pouvoir servir à la plante, doivent être solubles dans l'eau.

Toute plante est formée chimiquement de carbone, d'azote, d'oxygène, d'hydrogène, et renferme ordinairement en outre quelques sels particuliers; elle tire une grande partie de sa nourriture de l'atmosphère, car, comme nous venons de le voir, le carbone et l'oxygène proviennent de l'acide carbonique répandu dans l'atmosphère; l'azote est le résultat de la décomposition de l'ammoniaque ou de l'acide nitrique atmosphériques, et une partie des sels ont la même provenance; il est facile de concevoir par là que sans atmosphère toute vie végétale devrait immédiatement cesser. Plus les végétaux s'assimileront de carbone, d'hydrogène, d'azote, etc., plus ils prendront d'accroissement; on crée une atmosphère factice qui entoure chaque plante et très-riche en substances de ce genre par l'emploi d'engrais organiques, comme nous le démontrerons en traitant de la chimie agricole.

Action délétère (corps nuisibles pour les végétaux).

C'est dans le voisinage des usines ou des fabriques de produits chimiques, dans les contrées où existent des volcans en activité, dans celles où coulent des sources minérales, que se dégagent certains gaz par-

(1) En tant que cette poussière est formée de sels solubles.

ticuliers qui agissent d'une façon très-fâcheuse sur les plantes. Les vapeurs les plus ordinaires sont l'acide sulfureux, l'acide hydrochlorique, l'acide nitreux et l'oxyde de zinc.

Il est bon de ne jamais faire de plantations importantes dans les lieux soumis à l'influence des vents constants qui amènent ces gaz, et de cultiver autant que possible des végétaux peu poilus. L'on a remarqué que les poils condensaient ces vapeurs, et que les espèces glabres (sans poils) échappaient plus longtemps à leur effet délétère.

Il est également utile de prendre en note que ce n'est que pendant la nuit que se fait l'absorption de ces matières (par les stomates des feuilles), et que si l'on pouvait contraindre les fabricants à ne laisser échapper ces gaz que pendant le jour, le mal produit sur les récoltes avoisinantes ne serait que peu considérable.

Les miasmes (1) répandus dans l'atmosphère influent également sur les cultures d'une façon indirecte, en cela qu'ils empêchent l'homme d'habiter et d'exploiter certaines localités, à cause de l'état malsain de l'air qu'on y respire. Les meilleurs préservatifs contre ce mal sont l'établissement d'un bon système d'abris agricoles, ainsi que l'application de certains principes hygiéniques qu'il ne nous appartient pas d'exposer dans cet ouvrage.

(1) Les miasmes paraissent n'être constitués que de matières hydrogénées organiques répandues dans l'air.

CHAPITRE III.

ÉTUDE DES PHÉNOMÈNES QUI SE PASSENT DANS L'ATMOSPHÈRE.

Cette étude nous fera successivement aborder la nature :

1° Des vents;
2° De la température;
3° De l'électricité;
4° De la lumière,

ainsi que la manière d'agir de ces divers phénomènes sur la végétation.

1° Des vents.

1° *Des vents en général.*

Les vents ne sont dus qu'à de l'air en mouvement; ce sont des perturbations qui s'observent dans les couches atmosphériques de notre planète.

Lorsque, dans une masse fluide, la partie inférieure est plus échauffée que la partie supérieure, la première tend toujours à se placer au-dessus, tandis que la seconde cherche à gagner le dessous en formant deux courants, l'un ascendant, l'autre descendant; le corps chaud est plus léger, le corps froid plus lourd.

La même chose s'observe dans la couche atmosphérique qui nous entoure.

La portion de l'atmosphère sise entre les tropiques

s'échauffe fortement, et, s'élevant dans l'air, tend à gagner les pôles; la portion située aux pôles tend constamment à descendre et à se diriger vers l'équateur, afin d'y remplacer la portion chaude qui s'en dégage sans cesse en y formant un vide; ceci produit deux courants atmosphériques (vents) contraires et inverses, l'un inférieur ou froid se dirigeant du pôle à l'équateur, l'autre inférieur ou chaud se dirigeant de l'équateur au pôle.

La terre pendant sa révolution diurne tourne avec rapidité sur son axe en se dirigeant de l'ouest à l'est; mais la partie sise sous l'équateur tourne beaucoup plus rapidement que celle sise vers les pôles; l'effet de ceci est de produire sur la direction des courants atmosphériques une perturbation qui fait prendre aux courants une direction vers l'ouest, au lieu de les laisser aller en ligne droite du nord au sud et du sud au nord.

L'on conçoit qu'une personne frappée par l'un de ces courants sentira un vent venant du sud-est ou bien du nord-est, effet qui n'est dû qu'à la résistance qu'offrent les objets terrestres aux courants qui ne marchent pas avec eux pendant la rotation du globe.

Si d'autres causes n'agissaient sur la direction des vents dans l'hémisphère que nous habitons, l'on ne sentirait à la surface de notre hémisphère qu'un seul vent constant, c'est celui allant du nord au sud avec une direction oblique vers l'est; ce serait donc un courant nord-est qui soufflerait avec de plus en plus de violence à mesure qu'on s'approcherait de l'équateur où la vitesse de rotation de la terre est la plus considérable, et où par conséquent la résistance (réaction) des objets fixés au sol serait la plus forte contre l'atmosphère ambiante.

Mais il existe, à la surface du globe, des continents

et des mers; les couches inférieures de l'atmosphère qui reposent sur le sol des continents sont plus vite échauffées que celles qui reposent à la surface de l'Océan (1); il peut donc s'y produire deux courants inverses : sur terre un vent chaud tendant à s'élever et à se diriger vers la mer, et sur l'Océan un vent plus froid qui reste inférieur et qui marche vers l'intérieur des terres.

Ces deux vents varieront naturellement dans un pays donné, selon la direction des côtes.

Une foule d'autres circonstances influent sur la direction des vents; ainsi le courant chaud supérieur équatorial qui marche vers les pôles rencontre au centre de l'Europe les glaciers des Alpes, lesquels font l'office de réfrigérants et refroidissent assez subitement l'air de ce courant; il s'ensuit que, devenant plus lourd, il descend alors vers les vallées et les plaines avoisinantes, tandis que l'air plus chaud de ces régions basses s'élève pour remplacer le vide formé par la chute du courant supérieur. Deux vents inverses sont le résultat de ce phénomène, l'un allant vers le sommet des Alpes, l'autre marchant en sens inverse et se répandant dans les plaines de l'Europe.

Tous ces divers courants agissant les uns sur les autres avec plus ou moins de force, d'après le degré de température de telle ou telle localité, d'après la distribution des terres et des eaux, d'après le degré de latitude, d'après la nature du sol et son altitude, d'après l'influence de la lune même, produisent en se combinant des effets très-complexes qu'il est souvent difficile de coordonner à première vue, mais que le raisonnement peut sans doute expliquer.

(1) Du moins pendant le jour.

On a classé les vents en différentes catégories d'après leur intensité.

1. Un vent à peine sensible parcourt	2	pieds	par seconde.
2. Un zéphyr . . . . . »	5	id.	»
3. Un vent modéré . . . »	10 à	16	»
4. Un vent fort ou grand vent parcourt	16 à	24	»
5. Un coup de vent, un vent impétueux »	24 à	35	»
6. Une petite tempête . . . . . »	35 à	40	»
7. Une tempête moyenne . . . . »	40 à	50	»
8. Une tempête forte . . . . . »	50 à	60	»
9. Un ouragan des zones tempérées . »	60 à	100	»
10. Un ouragan des zones torrides . »	100 à	300	»

Les trois premiers sont seuls favorables à l'agriculture et à l'horticulture, les vents plus forts produisant divers accidents dont la végétation souffre.

Les vents peuvent souffler de tous les points de l'horizon. On a divisé ce dernier en quatre points, nommés points cardinaux; ce sont le nord, le sud, l'est et l'ouest. Leur réunion constitue la rose des vents; cette rose des vents se subdivise comme suit: Sud, sud-sud-ouest, sud-ouest, ouest-sud-ouest. — Ouest, ouest-nord-ouest, nord-ouest, nord-nord-ouest.—Nord, nord-nord-est, nord-est, est-nord-est. —Est, est-sud-est, sud-est, sud-sud-est.

La direction des vents est indiquée par des instruments connus sous le nom de girouettes ou anémomètres; la structure en est bien connue et se trouve consignée dans tous les ouvrages de physique.

Il est évident qu'en général dans l'intérieur de la Belgique les abris agricoles devront être plantés dans une direction allant du nord-nord-ouest au sud-sud-est, afin de détruire l'influence du vent le plus constant de ce pays, lequel souffle de l'ouest-sud-ouest à l'est-nord-est.

La direction du vent est beaucoup plus constante qu'on ne le croit généralement; le vent souffle un nombre de jours dans une direction qui varie peu d'une année à l'autre. Le tableau suivant en fournira la preuve.

LOCALITÉS de BELGIQUE.	NOMBRE DE FOIS PAR AN QUE SOUFFLENT LES VENTS CI-DESSOUS (1).															
	N.	N.N.E.	N.E.	E.N.E.	E.	E.S.E.	S.E.	S.S.E.	S.	S.S.O.	S.O.	O.S.O.	O.	O.N.O.	N.O.	N.N.O.
Bruxelles . . .	526	282	455	602	725	272	227	251	559	795	1298	1141	617	402	547	251
Maestricht . .	47	»	52	»	18	»	4	»	50	»	85	»	132	»	20	»
Alost	55	60	65	72	21	35	20	56	60	81	95	175	64	93	44	70
Louvain. . . .	55	17	84	60	61	16	20	20	51	29	85	93	350	44	68	41
Gand	58	48	64	28	100	20	45	27	161	67	145	55	144	86	80	35

(1) Les vents peuvent changer plusieurs fois de direction par jour.

Les données que nous fournissons dans le tableau ci-dessus sont bien incomplètes, faute de bonnes observations faites dans d'autres localités du pays; il est bon de remarquer que les différences qui existent entre les chiffres de diverses localités ont été soumises à des conditions différentes, par le nombre de fois qu'on a observé journalièrement qui a différé dans différents endroits. Pour le jardinier, il importe principalement de savoir que ce sont les vents sud-ouest qui dominent à Bruxelles, et que c'est dans une direction perpendiculaire qu'il devra construire ses abris permanents. A Maestricht, le vent dominant est celui d'ouest; à Alost, il est ouest-sud-ouest; à Louvain, il est ouest, et à Gand, il est sud.

Il nous reste à consigner ici quelques résultats des beaux travaux météorologiques de MM. Quetelet (1), Kickx (2), Poederlé, Pollaert (3), Duprez (4), etc., sur les vents de la Belgique.

1° A Bruxelles le vent est-nord-est prédomine pendant le mois d'avril; les vents sud-ouest sont plus ou moins pluvieux et humides; ceux d'est et de nord-est sont secs en été et froids en hiver; celui d'est, dont le principal caractère est la sécheresse, rend l'air très-pur et très-vif; le vent est-sud-est est chaud, vif et sec, mais rare; le vend du sud est généralement humide et chaud, mais il est très-rigoureux en hiver; le vent du nord est d'un froid plus humide que sec; celui du nord-ouest amène un froid humide, les neiges fondues et les giboulées.

Pendant les mois de janvier, février et mars, les

(1) Sur le climat de la Belgique, 1848, page 9, 2e partie, *Mémoires et Bulletins de l'Académie Royale de Bruxelles*, *Annales de l'Observatoire Royal de Bruxelles*.

(2) *Mémoire sur la Géographie physique du Brabant*.

(3) *Annuaire du Département de la Dyle* pour l'an XIII, page 26.

(4) *Mémoires de l'Académie Royale*, p. 236, t. III.

vents sud-ouest et ouest-sud-ouest prédominent; en avril, les vents est-nord-est et sud-ouest sont les plus fréquents; en mai, les vents sud-ouest et est; en juin, ouest-sud-ouest et est; en juillet, ouest-sud-ouest et sud-ouest; en août, sud-ouest et ouest-sud-ouest; en septembre, est et sud-ouest; en octobre, sud-ouest et ouest-sud-ouest; en novembre, sud-ouest et ouest-sud-ouest.

Si on ne considère que la direction prédominante des vents par saison, nous obtenons les données suivantes :

Hiver,	vents prédominants,		S.O. et O.S.O.
Printemps,	»	»	S.O., O.S.O. et E.N.E.
Eté,	»	»	O.S.O., S.O. et O.
Automne,	»	»	S.O., O.S.O. et S.S.O.

Pendant l'année les vents se succèdent en fréquence d'après l'échelle suivante, où nous avons commencé par les vents les plus fréquents :

S. O.
O. S. O.
S, S. O.
E.
O.
E. N. E.
S.
N. E.
O. N. O.
N. O.
N. N. E.
E. S. E.
N. N. O.
S. S. E.
S. E.

D'après M. Kickx père, le vent à Bruxelles est en moyenne pendant 245 jours ordinaire, pendant 81 jours fort, pendant 29 jours violent, et pendant 10 jours à l'ouragan.

C'est pendant les mois de juillet et d'août que dominent les vents ordinaires; pendant ceux d'octobre, février et avril que dominent les vents forts; pendant ceux de novembre et mars que l'on remarque généralement les vents violents, et enfin pendant ceux de février, mars, octobre et novembre que se font presque exclusivement sentir les ouragans.

Toutes les précédentes données serviront sans commentaires au maraîcher intelligent; elles lui indiqueront selon les saisons quelles sont les meilleures expositions pour ses plantes délicates; elles le guideront dans le placement et l'érection de ses abris temporaires, etc.

A *Gand*, les données sont un peu différentes de celles obtenues par les observations faites à Bruxelles. Ce sont les vents du sud et du sud-ouest qui y dominent pendant l'année.

En	janvier	les vents du	S. et d'O.	dominent.
»	février	»	S. et d'E.	»
»	mars	»	O. et de S.	»
»	avril	»	N. E. et de S.	»
»	mai	»	O. et E.	»
»	juin	»	O. et E.	»
»	juillet	»	O. et S. O.	»
»	août	»	O. et S.	»
»	septembre	»	S. O. et S.	»
»	octobre	»	S. et O.	»
»	novembre	»	S. et S. O.	»
»	décembre	»	S. et E.	»

Par les saisons les vents prédominent de la manière suivante :

Hiver. . .	Vents dominants.	S. et E.
Printemps. .	» »	O. et S.

Eté. . . . Vents dominants. O. et S. O.
Automne. . » » S. et S. O.

A *Alost,* les vents soufflent pendant l'année avec une fréquence indiquée par la succession ci-après : O. S. O.—S. O.—O. N. O.—S. S. O.—N. N. O.—O. —N. E.—S.—N. N. E.—S. S. E.—N.—N. O. — E. S. E.—S. E.—E.

A *Louvain,* les vents dominants pendant l'année sont, dans l'ordre de leur fréquence, l'O., l'O. S. O., le S. O. et le N. E.

Pour terminer ce qui est relatif à la distribution des vents en Belgique, nous ferons remarquer que pendant presque toute l'année les vents soufflent soit du S. O. tirant vers l'O. S. O., soit de l'E. tirant vers l'E. N. E.; le premier de ces vents est du double plus commun que le second.

On a remarqué que les vents du S.E. et de l'O.S.O. sont plus fréquents avant midi, tandis que les vents d'O. au N. N. O. et surtout les vents N. O. sont les plus fréquents pendant l'après-midi. En général le vent ne s'élève que vers le point du jour pour atteindre sa plus grande force vers midi, puis il baisse sensiblement jusqu'à la nuit. Les vents les plus fréquents sont aussi les plus forts. Ainsi les vents de S. O. et d'E. sont ceux qui soufflent avec le plus de force dans notre pays.

Les vents entre l'O. et le S. sont généralement chauds et humides; les vents entre l'E. et le N. O. sont généralement froids et secs (1).

(1) Les personnes que la chose intéresse trouveront de fort curieux renseignements sur les vents et la météorologie belge en général dans un ancien ouvrage, publié en 1627, à Anvers, sous le titre de : « *Liberti Fromondi Meteorologicorum,* » in-4°, par le célèbre éditeur Plantain.

2° *Influence des vents sur les végétaux.*

Les vents modérés sont utiles à l'agriculture, car :

1° Ils stimulent la transpiration des plantes.

2° En balançant le feuillage, ils mettent les stomates en contact avec une plus grande quantité d'air, et leur permettent par conséquent d'en retirer une portion plus considérable d'acide carbonique dont le carbone se fixe dans la plante.

3° Ils secouent l'eau surabondante de la pluie qui pourrait causer la pourriture des organes des végétaux.

4° Ils amènent souvent de l'humidité dans des localités trop sèches.

5° Ils favorisent le phénomène de la fécondation chez les plantes en disséminant le pollen.

Les vents constants, ceux qui sont violents ou ceux qui sont accompagnés de certaines conditions particulières, peuvent avoir une fâcheuse influence sur les cultures; voici l'énumération des principaux accidents qu'ils occasionnent :

1° Ils causent le versage des plantes qui portent beaucoup de feuilles.

2° Les ouragans déchirent et brisent les végétaux tendres ou peu flexibles.

3° Les vents disséminent les graines de certaines plantes et en causent la perte; en outre, ils amènent les semences d'une foule de mauvaises herbes dans les parterres bien sarclés (1).

4° Dans les lieux sablonneux, ils agissent sur le sol d'une façon très-préjudiciable aux cultures en le remuant.

5° Ils causent quelquefois de grands froids après

(1) Dont on a enlevé toutes les mauvaises herbes.

un temps chaud, et produisent par là diverses maladies chez les plantes.

6° Ils dessèchent souvent la terre outre mesure et empêchent le développement normal des racines, et partant du reste du végétal.

Un système d'abris agricoles bien établi, des arrosements bien entendus, etc., peuvent en grande partie neutraliser les effets malfaisants des vents, comme nous le verrons plus loin.

DE LA TEMPÉRATURE.

Nous étudierons d'abord la chaleur en général, surtout sous le rapport des lois qui président à sa distribution dans le royaume de Belgique, puis nous ferons connaître l'action soit bienfaisante, soit néfaste de la température sur la végétation.

Nous devons aux patients travaux d'Adanson, Lamarck, Cotte, Marchal, Schübler, Mathieu de Dombasle, d'Hombres, Firmas, Donckelaer, Dohrn, Fleurot et d'autres, mais surtout à M. Quetelet, presque tout ce que nous savons à cet égard ; heureux si nous parvenons à faire bien saisir à nos lecteurs les résultats les plus intéressants, les généralisations les plus claires et les plus pratiques de tant de savantes et utiles recherches.

1° *De la chaleur en général* (1).

La nature intime de la chaleur nous échappe ; nous ignorons quelle peut être sa cause réelle ; les savants ont cependant pu déduire, au moyen d'expé-

(1) Le froid n'est pas l'absence de la chaleur, mais une très-faible chaleur : ces mots sont relatifs ; ce que nous appelons froid peut être chaud pour certains animaux.

riences, les lois qui président à sa propagation.

L'instrument qui nous sert à mesurer la chaleur est le thermomètre; il fut imaginé vers la fin du XVIe siècle ou au commencement du XVIIe siècle par Galilée, suivant les uns, ou par Drebbel, suivant les autres. Le thermomètre fait voir qu'en se réchauffant, tous les corps augmentent de volume dans une proportion différente pour chacun d'eux. A peine visible dans les corps solides, cette dilatation est très-notable dans les liquides et considérable dans les fluides aériformes ou gazeux. C'est la chaleur qui, en faisant augmenter ou diminuer la masse du liquide dans le thermomètre, le fait monter ou baisser.

On se sert de divers genres de thermomètres; celui le plus généralement employé en Belgique est le thermomètre centigrade ou de Celsius, sur lequel la température de la glace fondante est représentée par 0, celle de la vapeur d'eau bouillante par 100, l'espace intermédiaire entre ces deux points étant partagé en 100 parties égales ou *degrés*. On rencontre encore les thermomètres de Réaumur (où l'espace entre l'eau bouillante et la glace fondante ne comprend que 80 degrés) et de Fahrenheit, généralement usité en Angleterre. Dans ce dernier, le point de l'eau bouillante est indiqué par 212 degrés, celui de la glace fondante par 32 degrés; il y a donc 180 degrés Fahrenheit pour 100 degrés centigrades.

Le soleil est la principale cause de la chaleur atmosphérique, ainsi que de celle des couches superficielles du sol.

La terre et les plantes absorbent pendant le jour une certaine quantité de la chaleur que leur envoie le soleil; pendant la nuit, elles rejettent en dehors une partie de cette chaleur : c'est ce qu'on appelle l'*irradiation* de la chaleur.

Chaleur atmosphérique.

Il y a chaque jour un maximum et un minimum de température, c'est-à-dire que chaque jour le thermomètre monte jusqu'à un certain point, puis descend jusqu'à un autre plus bas.

Le minimum (la baisse la plus grande) a lieu en Belgique vers 4 heures du matin (c'est le moment le plus froid du jour); le maximum (la hausse extrême) se présente en général vers 2 heures de l'après-midi (c'est le moment le plus chaud du jour). Ces heures de températures extrêmes varient d'ailleurs plus ou moins d'après les saisons. Ainsi, par exemple, en janvier, le maximum a lieu à 1 heure 34 minutes de l'après-midi, et le minimum à 6 heures du matin.

Les variations les plus rapides de la température ont lieu de 8 à 10 heures du matin et de 6 à 8 heures du soir.

On appelle *température moyenne* d'un mois celle qu'on observe tous les jours à 9 heures du matin pendant ce mois dans une localité déterminée (1).

Les températures moyennes des mois sont pour Bruxelles :

Janvier.	1°,88 (2).
Février.	3°,89.
Mars.	5°,69.
Avril.	8°,18.
Mai.	13°,47.
Juin.	16°,87.
Juillet	17°,61.

(1) La température moyenne de la plupart des météorologistes est un peu différente de celle-ci. Voir Kaemtz, Pouillet, etc.

(2) Un petit °, placé au-dessus d'un chiffre, se lit degré; nous avons donc ici 1 degré 88 centièmes au-dessus de 0.

Août.	17°,38.
Septembre. . . .	14°,56.
Octobre.	10°,56.
Novembre	6°,46.
Décembre	4°,14.
Pour l'année entière. . .	10°,07.

La variation diurne de la température, c'est-à-dire le nombre de degrés entre le point maximum et le point minimum de chaque jour pendant ces divers mois est en moyenne la suivante :

Janvier	5°,2.
Février.	5°,6.
Mars	6°,8.
Avril.	8°,3.
Mai.	10°,1.
Juin	10°,1.
Juillet.	9°,9.
Août.	9°,8.
Septembre	8°,3.
Octobre	6°,8.
Novembre.	5°,4.
Décembre.	4°,3.

Ainsi pendant une longue série (plus de dix années) que les observations ont été faites, il n'a pas gelé une seule fois au mois de mai, juin, juillet, août ni septembre.

C'est en général vers le 27 juillet (1) que nous avons le jour le plus chaud de l'année, et vers le 20 janvier (du 15 au 24) que tombe le jour le plus froid.

C'est la température de l'hiver qui varie le plus d'une année à l'autre; les mois d'automne offrent la température la plus constante.

(1) Cela peut varier du 10 juillet au 5 août.

La différence des températures de l'hiver et de l'été est à Bruxelles d'environ 14 degrés (1) dans les années communes.

La plus haute température observée dans le royaume est de 36° (cette température s'est fait sentir en 1822 et en 1824) ; la plus basse température a été de 24° en dessous de 0 (en 1783 à Liége, et en 1823 à Malines) ; c'est donc une différence de 60° de l'échelle du thermomètre ou de 46° de plus que par une année ordinaire, entre le maximum extrême et le minimum extrême de l'année ; de pareilles anomalies sont heureusement rares.

Les températures moyenne des mois varient selon les localités en Belgique, les données qu'on possède à cet égard laissent malheureusement à désirer, et nous sommes contraints de les passer sous silence à cause de leur peu d'utilité pratique.

Ce que nous savons de certain, c'est qu'à Gand et à Alost on remarque une température un peu plus basse en été qu'à Bruxelles, et que le contraire paraît bien avoir lieu pour Liége ; et pour Louvain, la température du mois est plus basse qu'à Bruxelles, surtout pendant l'hiver.

La température de la province de Luxembourg est manifestement inférieure à celle de Bruxelles. La différence, pour les mois d'hiver, est d'environ 3 degrés ; et, pour les mois d'été, de 1 à deux degrés (2).

(1) Ceux qui désireraient de plus amples détails sur la température de la Belgique devront consulter les ouvrages suivants :

QUETELET. *Climat de la Belgique*, 1re partie.
L'ABBÉ CHEVALIER. *Mém. Acad. Roy.*, t. I.
POEDERLÉ. *Annuaire du département de la Dyle* pour l'an XIII.
KICKX, père. *Nouv. Mém. Acad. Roy. de Brux.*, t. III.
L'ABBÉ DE MANN. *Mém. Acad.*, t. I.
Annales de l'Observatoire de Bruxelles.
COURTOIS. *Statistique de la province de Liége*, t. II.

(2) Rollé, lieu où des observations ont été faites par M. de Wauthier, fils, est un des points les plus élevés et des plus froids du royaume.

TEMPÉRATURE DU SOL.

Si l'on enterre des thermomètres dans le sol, à différentes profondeurs et de manière à ce que leur partie renflée (cuvette) soit en contact avec la terre, les variations annuelles sont d'autant plus petites que les instruments sont plus profondément enfouis dans la terre.

A 25 mètres de profondeur, l'instrument est stationnaire pendant toute l'année. Cette température fixe augmente à mesure qu'on l'enfonce davantage dans le sol.

Quant aux autres données que nous possédons sur la température du sol, elles sont encore incomplètes; c'est ce qui sera cause que dans les pages suivantes nous nous contenterons de citer quelques faits qui pourront être utiles au cultivateur intelligent de notre pays.

La profondeur dans le sol à laquelle pénètrent les fortes gelées dépend de deux causes : de l'intensité du froid et de sa persistance.

Les plus grandes gelées ne descendent guère plus bas, chez nous qu'à un demi-mètre, sauf de rares exceptions.

Quand les gelées pénètrent à l'intérieur de la terre, elles ont généralement duré plus de huit jours, et le thermomètre à l'air libre s'est abaissé jusqu'à 11 degrés en dessous de 0.

Une profondeur de $0^{m},8$ est pénétrée par la chaleur en dix-neuf jours; ou, comme l'énonce M. Quetelet, « la chaleur se transmet avec un mouvement uniforme dans la direction de la verticale du lieu, et la vitesse est de six jours pour un pied. »

Un fait curieux, dont l'explication nous mènerait

trop loin, c'est que l'époque de la plus grande chaleur de l'année, comme celle du plus grand froid, à l'air libre, est fort différente de celle du sol, c'est-à-dire que l'atmosphère et la terre ont des températures très-diverses à la même époque.

Nous avons vu précédemment que le jour le plus chaud de l'année, à l'air libre, tombe le 27 juillet; dans le sol, à une profondeur de 24 pieds, c'est le 15 décembre que s'observe le maximum de température. Le jour le plus froid de l'année tombe le 20 janvier, à l'air libre; dans le sol, c'est le 15 juin.

Ce fait intéressant se lie intimement au phénomène de l'ascension de la séve de printemps dans les arbres, ascension qui paraît se faire lorsque le maximum de température se fait sentir dans la couche terrestre, dans laquelle plongent les racines de l'arbre.

A	0m,19	de profondeur	le maximum	de température	a lieu le	1er août.
»	0m,45	»	»	»	»	5 août.
»	0m,75	»	»	»	»	11 août.
»	1m,00	»	»	»	»	15 août.
»	3m,90	»	»	»	»	12 octobre.
»	7m,80	»	»	»	»	15 décembre.

Pour le minimum de température du sol, nous avons, selon les profondeurs, les chiffres suivants :

A	0m,19	de profondeur	le 2	février.
»	0m,45	»	» 9	»
»	0m,75	»	» 17	»
»	1m,00	»	» 21	»
»	3m,90	»	» 19	avril.
»	7m,80	»	» 15	juin.

2° *Action de la chaleur sur les végétaux.*

Comme le dit fort bien le comte de Gasparin, la

température influe sur les plantes de quatre manières : par son excès, par son défaut, par sa durée et par sa continuité.

Les plantes ne peuvent exister qu'entre deux extrêmes de température, et la limite de ces extrêmes varie pour chaque espèce de plante; la connaissance de ces limites de chaleur et de froid nous indique la possibilité de cultiver des plantes étrangères dans tel ou tel climat.

Un certain degré de chaleur est nécessaire pour faire entrer la séve des plantes en mouvement; ce degré diffère selon les espèces de plantes.

On peut arriver toujours à un degré de chaleur qui tuera une plante; ce degré est très-variable selon la plante qu'on soumet à l'expérience; chaque végétal exige, pour parvenir à son développement et à sa maturité normale, une succession de chaleur qui est régie par une loi particulière et qui est bien connue; on pourrait la croire en rapport direct avec la somme des maximum ou des moyennes des températures des jours, on se tromperait; c'est avec la somme des carrés des températures moyennes diurnes, à compter du jour où la plante commence à croître ou à se réveiller, comme l'a prouvé M. Quetelet.

Dans la Belgique, le réveil de la plupart des plantes a lieu vers le 25 ou le 27 janvier, c'est-à-dire environ une semaine après le jour le plus froid de l'année; mais, généralement, les premiers signes de la végétation sont arrêtés par de nouvelles gelées pour ne recommencer qu'au mois de mars.

C'est à M. Quetelet qu'on est redevable de cette intéressante découverte.

Il a fait, d'après cette loi, un calendrier de Flore, où les diverses plantes sont indiquées avec la somme du carré de températures, et le jour où tombe en moyenne le moment de leur feuillaison, floraison et maturation.

Ces calendriers deviendront fort utiles comme indiquant les époqnes auxquelles il faudra semer diverses plantes pour récolter à des époques déterminées (1).

On n'a malheureusement consigné jusqu'ici, dans ces calendriers, que des plantes d'ornement ou de curiosité et l'on a presque entièrement négligé d'observer les plantes potagères et agricoles : c'est une lacune importante à remplir.

L'excès du froid peut causer la mort des végétaux en détruisant la vitalité des tissus qui sont désorganisés par l'effet des gelées.

Chaque espèce de végétal a une aptitude différente pour supporter un certain degré de froid, et chaque partie du végétal à une aptitude décroissante à résister au froid, à mesure que cette partie est plus aqueuse, plns jeune et moins ligneuse.

Il serait utile d'avoir, pour chaque espèce de plante, une échelle indiquant les extrêmes de froid et de chaud qu'elle peut supporter sans en souffrir ou en périr; c'est un travail encore à faire.

La température varie selon la latitude des lieux, ainsi que selon leur élévation au-dessus du niveau de la mer; ainsi, il faut compter en Belgique quatre jours de retard entre la végétation de Bruxelles et celle de tout endroit placé à 100 mètres plus haut que cette ville; huit jours pour un endroit élevé de 200 mètres au-dessus de Bruxelles, et ainsi de suite en comptant quatre jours de retard par 100 mètres de hauteur. Le sommet des fanges ardennaises de la

(1) Voir à cet égard l'intéressant discours de M. le professeur Morren. *Bull. Acad. de Bruxelles*, t. XVI, n° 12. Décembre 1849.

province de Liége est, en moyenne, d'environ 600 mètres au-dessus du niveau de la mer; l'élévation de Bruxelles est de 50 mètres : la différence est donc de 550 mètres, ce qui amènerait dans la végétation de cette localité, comparée à celle de la capitale, un retard de plus de vingt jours.

On voit, par ce seul fait, que les données météorologiques ne sont pas inutiles à connaître, comme le pensent certaines personnes ignorantes qui ne critiquent que ce qu'elles ne connaissent pas.

Pour la latitude, il faut compter quatre jours d'avance ou de retard par degré de latitude, selon qu'on va vers le sud ou vers le nord, en s'éloignant de Bruxelles.

Les fanges dont nous venons de parler étant situées environ un degré (1) plus au sud que Bruxelles, ce serait quatre jours à déduire des vingt jours obtenus pour l'altitude; le vrai retard entre les récoltes de Bruxelles et les fanges, si elles étaient cultivées, serait donc d'environ seize jours. Cette (2) considération serait à noter pour les semis, la récolte et une foule d'autres opérations.

Le temps le plus redoutable pour le jardinier maraîcher, c'est une succession de petites gelées nocturnes, suivies de jours chauds; le danger est d'autant plus grand que l'air est plus humide, et que le froid détermine la précipitation de l'humidité sous forme de gelée blanche.

On peut craindre ces effets jusqu'à une époque où les plantes ont atteint un état de croissance qui les endurcit. En automne, les gelées blanches précoces détruisent les dernières pousses des plantes délicates.

(1) Vingt lieues font un degré (lieues belges 5,556 mètres).

(2) On doit encore prendre en note la position et la situation du lieu, comme nous le verrons en parlant du climat.

C'est surtout dans les vallées ou dans les terrains bas et enfoncés que les effets nuisibles du froid sont les plus fréquents (1).

Pendant des nuits tranquilles et sereines, les gelées sont généralement moins fortes sur les montagnes que dans les plaines avoisinantes.

Nous indiquerons, au chapitre relatif aux abris, les méthodes les plus généralement usitées pour neutraliser les effets malfaisants d'excès de température.

La neige forme souvent en hiver un abri naturel, et empêche les plantes de geler en arrêtant leur rayonnement ainsi que celui du sol.

Presque toutes les fleurs dégagent un certain degré de chaleur pendant l'époque de la fécondation.

Un excès de froid produit sur un végétal les phénomènes suivants :

1° Tous les organes cellulaires sont tendus au delà de la formation normale ;

2° Quand l'eau gèle dans la cellule, elle en augmente le volume, distend les insterstices où elle s'est logée; les rompt parfois et pervertit ainsi les fonctions exercées par les organes de la plante;

3° Les trachées, au lieu de ne renfermer que de l'oxygène, sont remplies d'eau;

4° La circulation est arrêtée.

Les maladies les plus ordinairesqu'amène un excès de chaleur sur les plantes ont reçu les noms suivants :

1° *La fanaison*, c'est-à-dire que la plante est fanée, qu'elle est faible, que ses feuilles et ses branches deviennent pendantes;

2° *Le jaunissement*, les feuilles jaunissent et tombent;

(1) Ceci dépend d'un phénomène de radiation de la chaleur. Voir Pouillet, Kaemtz, etc.

3° *Le desséchement* est causé par la trop grande évaporation de la séve de la plante : le desséchement est souvent partiel;

4° *L'avortement* plus ou moins complet des fleurs et des fruits;

5° *La phyllomanie,* maladie où toutes les parties de la fleur ou du fruit ont pris la forme des feuilles au lieu de leur conformation ordinaire.

6° *La brûlure ou moucheture,* formation de taches brunes sur les feuilles exposées au soleil pendant qu'elles portent des gouttes d'eau;

7° *Le coup de soleil.* Quand le soleil est perpendiculaire, la plante peut être tuée presque subitement par un excès de chaleur.

8° *Le faux d'étiolement.* Maladie où les feuilles restent blanches au lieu d'acquérir leur couleur verte.

9° *La pourriture.* C'est une fermentation produite par de l'humidité et de fortes chaleurs qui alternent.

Observation. C'est ici l'endroit de parler de ce que les jardiniers appellent la *lune rousse.* Nous ne pouvons mieux faire que de reproduire les paroles de M. Arago à ce sujet (1) :

« Les jardiniers, dit-il, donnent le nom de lune « rousse à la lune qui, commençant en avril, devient « pleine, soit à la fin de ce mois, soit plus ordinaire« ment dans le courant de mai. Suivant eux, la lu« mière de la lune, dans les mois d'avril et de mai, « exerce une fâcheuse action sur les jeunes pousses « des plantes. Ils assurent avoir observé que la nuit, « quand le ciel est serein, les feuilles, les bourgeons

(1) *Annuaire du Bureau des Longitudes,* 1833.

« exposés à cette lumière roussissent, c'est-à-dire « se gèlent, quoique le thermomètre, dans l'atmo- « sphère, se maintienne à plusieurs degrés au-dessus « de zéro. Ils ajoutent encore que si un ciel couvert « arrête les rayons de l'astre, les empêche d'arriver « jusqu'aux plantes, les mêmes effets n'ont plus lieu, « sous des circonstances de température d'ailleurs « parfaitement pareilles. Ces phénomènes semblent « indiquer que la lumière de notre satellite (la lune) « est douée d'une certaine vertu frigorifique (1); « cependant, en dirigeant les plus grands verres « ardents, les plus grands réflecteurs vers la lune, « on n'a jamais rien aperçu qui puisse justifier une « aussi singulière conclusion. Aussi, dans l'esprit « des physiciens, la lune rousse se trouve mainte- « nant reléguée parmi les préjugés populaires, tan- « dis que les cultivateurs restent encore convaincus « de l'exactitude de leurs observations. »

Nous ajouterons à ceci une observation que nous tirons de l'Almanach du bon jardinier, pour 1850.

« Ces deux opinions, en apparence si contradictoires, sont conciliées par une belle découvorte de M. Wells. Cette découverte consiste en ce que la température des corps solides comme de petites masses de coton, d'édredon, ou bien des végétaux, peut être de 6, de 7 et même de 8 degrés inférieure à la température de l'atmosphère ambiante. Dans les nuits des mois d'avril et de mai, la température de l'atmosphère n'étant souvent que de 4, de 5 ou de 6 degrés au-dessus de zéro, les plantes, si le ciel est serein, et conséquemment si la lune n'est pas cachée, peuvent avoir leur température abaissée à zéro au-dessous, et elles se gèlent dans ce cas, quoique le

(1) Qui fait geler.

thermomètre à l'air libre n'indique pas zéro. Le phénomène a lieu également, que la lune soit couchée ou bien qu'elle soit au-dessus de l'horizon.

DE LA LUMIÈRE.

1° *Généralités* (1).

La nature intime de la lumière nous est inconnue. Il existe différentes sortes de lumière; celle qui provient du soleil, celle qui est produite par l'électricité, celle qui se manifeste dans des corps en putréfaction, dans le phosphore, etc. La première est la seule dont nous ayons à nous occuper.

Newton, le premier, prouva que la lumière blanche, telle qu'elle nous apparait, est en réalité formée de sept couleurs réunies ensemble, les mêmes qu'on observe dans l'arc-en-ciel; ce sont le rouge, l'orange, le jaune, le vert, le bleu, l'indigo et le violet. On peut décomposer la lumière artificiellement en la faisant traverser un prisme de verre transparent. On peut également, en réunissant les sept rayons colorés, produire de la lumière blanche.

La lumière émane ou se dégage des corps lumineux en ligne droite; elle marche avec une rapidité de 70,000 lieues par seconde.

Plus on s'éloigne d'un corps lumineux, moins on reçoit de lumière (2).

Les rayons lumineux possèdent la faculté d'échauffer le corps à divers degrés; Englefield, Davy, Leslie,

(1) Consulter aussi l'ouvrage de Senebier, intitulé : *Expériences sur l'action de la lumière solaire dans la végétation*. Genève, 1788.

(2) L'intensité de la lumière décroît en raison du carré de la distance du corps lumineux.

Melloni, Delaroche et d'autres, ont prouvé que la faculté d'échauffer, des divers rayons colorés, va en augmentant progressivement depuis le rayon violet jusqu'aux rayons rouges. On a établi d'après cela l'échelle suivante :

Couleur du rayon le moins chaud *bleu,*
puis suivent successivement le *vert,*
le *jaune,*
le *rouge.*

La couleur des corps est due à la lumière ; certains corps pouvant absorber tous les rayons colorés de la lumière sauf un seul, lequel est rejeté pour former une image dans notre œil : ce n'est donc pas, si on veut, la couleur réelle des corps que nous apercevons, mais bien celle du rayon lumineux non absorbé et renvoyé par le corps éclairé. Toutes les couleurs autres que celles indiquées sont formées par la combinaison de deux ou plusieurs couleurs simples.

Nous pourrions étendre longuement les généralités sur la lumière ; ce que nous en disons ici suffira au cultivateur.

2° *Action de la lumière sur les végétaux.*

La lumière est nécessaire à la respiration des végétaux ; plus la clarté est grande, plus les plantes respirent activement et plus elles verdissent ; car, comme nous l'avons vu dans le premier chapitre du présent ouvrage, la couleur verte des feuilles n'est due qu'à la décomposition de l'acide carbonique de l'air sous l'influence de la lumière, pendant l'acte de la respiration de la plante. Un excès de lumière peut cependant épuiser une plante.

(1) Voir aussi Knight, Notes to sir H. Davy's Agr. chem., p. 402.

Dans l'obscurité, une plante s'*étiole,* elle reste maladive, faible et blanche. Ce qui manque aux fleurs tenues dans les appartements, ce n'est pas de l'air, comme on le croit généralement, c'est de la lumière.

MM. Morren et l'abbé Zantedeschi se sont occupés de l'action de la lumière et des divers rayons colorés sur la végétation; voici en peu de mots le résultat de leurs observations :

1° Une plante privée de lumière ne respire pas; elle s'étiole et change de propriétés ;

2° Dès que la lumière frappe une plante, elle respire et verdit ;

3° Une fois que la viridité s'est produite, la portion verte ne s'étiole plus;

4° Le rayon jaune est celui qui contribue le plus à la viridité du végétal (1) ;

5° Le rayon vert permet encore à la plante de verdir.

6° Le rayon rouge permet encore à la plante de verdir, sans doute à cause de ses propriétés calorifiques;

7° Les rayons violets, bleus et autres, étiolent comme l'obscurité complète.

C'est à la lumière qu'on doit attribuer la différence de respiration nocturne des plantes d'avec leur respiration diurne. Schultz assure que la circulation de la séve dans les végétaux doit également sa cause à la lumière. Amici a, jusqu'à un certain point, corroboré cette assertion.

Les mouvements mécaniques d'éclosion et de fermeture de certaines fleurs sont également dus, d'après les recherches de Dutrochet, à l'action de la lumière agissant sur la respiration des feuilles..

(1) Ceci serait applicable aux vitres des serres et des couches. — Un verre vert amortit la respiration trop rapide des plantes ; un verre rouge donne le plus de chaleur.

C'est ici l'endroit de parler de la chromaturgie ou de ce qui est relatif à la coloration des plantes.

La couleur verte est la plus générale chez les végétaux, elle peut être produite par la lumière artificielle assez vive, comme par la lumière solaire.

Divers auteurs se sont occupés de la couleur des plantes, tels sont Schubler, Funk, et dans ces derniers temps M. Chevreul (1).

On remarque dans les plantes deux séries de couleurs, l'une s'appelle la série *xanthique* ou jaune, l'autre la série *cyanique* ou bleue; ces deux séries sont antagonistes et ne se rencontrent jamais dans un même genre, et, à plus forte raison, dans une même espèce de plantes (2).

La série *xanthique* (jaune) comprend les couleurs :

Rouge.
Rouge-orangé.
Orange.
Orange-jaune.
Jaune.
Jaune-verdâtre.
Vert.

La série *cyanique* (bleue) comprend les couleurs :

Bleu-verdâtre.
Bleu.
Bleu-violet.
Violet.
Violet-rouge.
Rouge.

Nous voyons d'après cela qu'un genre à fleurs bleues pourrait avoir des plantes à fleurs rouges, puisque cette dernière couleur appartient aux deux

(1) Voir, pour l'analyse du beau travail de Chevreul sur l'harmonie des couleurs, etc. « *The agricultural Gazette* » pour 1849.

(2) Consultez à cet égard le *Gardener's Chronicle*, 1848, février et mars.

séries. Mais un genre de plantes à fleurs jaunes ne renfermera jamais des plantes à fleurs bleues (1). La cause de cette loi singulière nous est entièrement inconnue.

En résumé, nous pouvons affirmer que l'action de la lumière est la suivante sur la végétation :

1° Elle empêche l'étiolement.

2° Elle est la cause de la respiration des plantes.

3° Elle influe sur la circulation de la séve.

4° Elle permet la fructification, qui n'a jamais lieu dans l'obscurité.

5° L'absence de lumière est favorable à la germination des graines.

La quantité de lumière nécessitée par diverses plantes pourront bien être différente pour chacune d'elles; c'est encore un problème à résoudre et qui mérite la considération des physiologistes.

En Belgique, la quantité de lumière qui arrive à la terre est infiniment plus faible que celle que reçoivent des contrées moins brumeuses; en 1849 nous avons eu :

50 jours de ciel entièrement couvert;
12 jours de ciel entièrement sans nuages;
195 fois seulement de ciel serein pendant quelques heures du jour;
515 fois de ciel couvert pendant au moins une partie du jour;
43 jours de brouillard.

Toutes ces circonstances doivent avoir leur influence sur la marche régulière de la végétation dans notre pays, à cause de leur action sur la respiration végétale.

(1) Cela explique l'impossibilité d'avoir des dahlias, des roses, etc., de couleur bleue.

DE L'ÉLECTRICITÉ.

1° *De l'électricité en général.*

Si l'on prend un morceau d'ambre, un bâton de soufre ou un cylindre de verre, et si on le frotte avec une étoffe de laine ou mieux avec une peau de chat, 1° les petits corps légers (tels que brins de papier, cheveux, plumes, etc.) qu'on lui présente sont attirés; 2° on sent une odeur phosphorique particulière; 3° en approchant la main à une certaine distance, on éprouve une sensation semblable à celle que produirait le contact d'une toile d'araignée; 4° en approchant davantage le doigt ou une boule métallique, on entend le petillement d'une étincelle lumineuse qui passe du corps frotté dans le doigt ou la boule; 5° dans l'obscurité, le corps frotté lui-même paraît lumineux : ce sont des phénomènes dus à l'électricité.

Les physiciens sont partagés sur la question de savoir ce que c'est que l'électricité. Les uns, suivant l'opinion du célèbre Franklin, regardent les phénomènes électriques comme les effets d'une seule matière infiniment subtile et répandue dans tous les corps, et dont les particules se repoussent mutuellement et sont plus ou moins attirées par les autres corps; les autres croient, d'après Symmer, qu'il existe deux matières électriques : l'une se nomme l'électricité vitrée ou positive, l'autre l'électricité résineuse ou négative. Nous suivrons cette dernière hypothèse; c'est celle qui est la plus généralement adoptée. L'électricité ne change ni le poids ni les dimensions des corps; elle se propage comme la chaleur à travers toutes les substances.

On partage les corps en bons et mauvais conducteurs de l'électricité, selon qu'ils transmettent avec plus ou moins de facilité les fluides électriques.

L'électricité se répand avec rapidité; elle parcourt un grand nombre de lieues dans un temps inappréciable; sa course est plus rapide que celle de la lumière.

Tous les corps dans leur état normal renferment les deux électricités dans une proportion qui se balance et qui rend leur présence insensible; on dit alors que les deux électricités se neutralisent. Par le frottement, la chaleur, la compression, etc., on peut faire en sorte qu'un corps ne renferme plus qu'une sorte d'électricité, soit négative, soit positive. Deux corps chargés d'électricité de même espèce se repoussent mutuellement. Deux corps chargés d'électricité différente s'attirent mutuellement. Quand on met en contact deux corps chargés d'électricité différente, mais en même quantité, les fluides électriques se combinent avec explosion, et les corps rentrent après cela dans leur état naturel. Si l'on présente une pointe métallique à un conducteur chargé de l'une ou l'autre électricité, on lui enlève toute son électricité, sans étincelle et sans bruit.

Par un temps sec et serein, l'atmosphère est en général chargée d'électricité positive, et la quantité de cette électricité va en croissant à mesure qu'on s'éloigne de la surface du globe.

Les nuages peuvent être considérés comme d'immenses conducteurs flottant dans l'atmosphère qui ne peut leur prendre leur élasticité ni servir de conducteur.

Deux nuages chargés de même électricité se repoussent; deux nuages chargés d'électricité différente s'attirent, et leurs fluides se combinant avec explosion produisent l'éclair et le tonnerre. Il y a même explosion entre un nuage électrisé et un nuage à l'état naturel. L'explosion entre deux nuages s'appelle un orage; on y distingue trois circonstances qui frappent le plus ignorant : ce sont l'éclair ou la lueur électrique, la foudre ou trait de feu qui suit dans l'air un marche anguleuse en zig zag, le tonnerre ou bruit formé tantôt par un simple éclat de tonnerre, tantôt par un roulement, lequel est un véritable écho, le son étant jeté des nuages vers la terre, puis de la terre vers les nuages, et vice versâ, un certain nombre de fois successives. Il n'existe plus de danger pour la personne qui a vu l'éclair (1).

Quand un nuage électrisé s'approche de la terre, il peut agir sur elle comme sur un grand nuage à l'état normal, et il peut en résulter un éclair qui vient frapper les corps placés à la surface du sol; on dit alors que le tonnerre tombe; c'est alors que ses effets sont terribles.

Les orages sont de diverses sortes; les uns sont ce qu'on appelle rayonnants, les autres linéaires; les premiers se forment en un point, puis se dispersent dans divers sens autour de ce point; les seconds parcourent une grande étendue de pays toujours en ligne droite.

Les *paratonnerres* sont des verges métalliques dont une des extrémités communique avec le sol, et dont l'autre, terminée en pointe, attire l'électricité des nuages et la conduit en terre. On les place au sommet des bâtiments pour les protéger contre les risques de la foudre. Un paratonnerre protége contre la foudre un espace circulaire d'un rayon double de sa longueur; c'est-à-dire qu'un paratonnerre haut de

(1) On peut calculer aisément la distance de l'éclair à l'observateur en multipliant 282 mètres par autant de fois qu'on a pu compter un, après avoir vu l'éclair et jusqu'à ce qu'on entende le tonnerre.

quatre mètres protégera un espace circulaire dont le rayon serait de huit mètres.

La grêle est due à un phénomène électrique, comme nous le verrons plus loin.

Les orages éclatent peu en hiver dans nos climats.

En Belgique nous avons en moyenne treize orages par an.

2° *Effets de l'électricité sur la végétation* (1).

L'électricité paraît favoriser dans les plantes la circulation de la séve; les expériences de Jallabert, Mimbrai, Amici et d'autres tendent à prouver que la végétation est beaucoup plus rapide sous l'influence d'un courant électrique.

Pouillet affirme que les plantes dégagent une grande quantité d'électricité positive pendant leur croissance, et que l'électricité positive de l'air y est en grande partie due; mais ce fait concorde peu avec celui de l'expérience, qui prouve que l'air est plus électrisé en hiver qu'en été; MM. de la Rive et Becquerel combattent cette idée avec succès.

L'on a imaginé en Angleterre, dans ces derniers temps, d'électriser des champs entiers afin de stimuler la croissance des plantes; c'est ce qu'on a intitulé *électro-culture*. Cette branche de culture est encore trop dans l'enfance pour que nous ayons à nous en occuper dans ces pages (2).

Une électricité trop forte tue les plantes, comme celle à faible tension paraît leur être très-favorable.

(1) Voir Faraday, *A new theory of vegetable physiology based on electricity*, p. 16, 22, 35 et 42.

(2) Voir l'article *Électro-culture*, par Becquerel, dans le *Nouveau Dictionnaire d'histoire naturelle*, ainsi que Darwin, *Phytologia*, XIII, 4. — Williams, *Climate of Great Britain*, p. 348.

Les orages amènent de la pluie, et cette pluie d'orage renferme presque toujours de l'ammoniaque ou de l'acide nitrique, matières contenant de l'azote qui sert à l'alimentation végétale.

Les orages ont une action très-marquée sur la végétation; ils stimulent la croissance des plantes, tant par l'effet direct de l'électricité qu'ils produisent que par la formation des corps azotés, tels que le nitrate d'ammoniaque et l'acide nitrique, corps produits par l'action des éclairs traversant l'atmosphère et les nuages. Ces matières azotées, absorbées par l'eau de la pluie, tombent en terre et contribuent puissamment à l'alimentation végétale.

Les orages occasionnent, d'après les maraîchers, la perte du grain de champignon, et même des champignons déjà gros comme des noisettes (1).

CHAPITRE IV.

ÉTUDE DES CORPS QUE RENFERME L'ATMOSPHÈRE.

Les corps que renferme l'atmosphère s'appellent météores; c'est d'après eux qu'on a nommé toute la branche de physique dont nous nous occupons météorologie. Le seul météore qui intéresse le cultivateur, c'est l'eau qui se trouve répandue sous diverses formes dans l'air qui nous entoure.

Nous aurons à examiner successivement :

(1) Moreau et Daverne, *Culture maraîchère de Paris*, p. 314.

1° La vapeur d'eau contenue dans l'air (humidité de l'air);

2° Les brouillards;

3° Les nuages;

4° La pluie;

5° La neige;

6° La grêle, le givre ou gelée blanche, le grésil et le verglas;

7° La rosée;

8° Le serein.

HUMIDITÉ DE L'AIR (1).

1° *Généralités.*

L'eau passe aisément à l'état de vapeur, et, se répandant dans l'atmosphère, y devient invisible à cause de sa transparence. On nomme ce phénomène l'*évaporation.* Plus l'air est sec et le vent fort et chaud, plus l'évaporation est rapide; elle se fait presque constamment aux dépens de l'eau contenue dans le sol, de celle des rivières, lacs et canaux, enfin de celle renfermée dans la séve des plantes. Dans ce dernier cas, elle prend le nom d'*exhalation.* L'exhalation se fait surtout par les feuilles.

La quantité de vapeur d'eau que renferme l'atmosphère est en rapport avec la température. Il peut arriver un point où le thermomètre est si bas que l'évaporation cesse entièrement, et même le froid peut être assez considérable pour faire retomber sur le sol, sous forme de rosée, de neige, etc., la vapeur que contenait l'air.

La quantité de vapeur contenue dans l'air est à son minimum au lever du soleil; elle atteint son

(1) On consultera avec fruit le t. XXIII, p. 353 du *Philosoph. magaz.*

maximum après midi en hiver, avant midi en été. La quantité de vapeur est toujours un peu plus grande le soir que le matin (1).

C'est à la vapeur atmosphérique que nous devons la formation des nuages, des brouillards, de la pluie, etc., comme nous le verrons plus loin.

Chaque fois que de l'air chaud et humide se trouve en contact avec un corps froid, il laisse tomber son humidité à la surface de ce corps sous forme de gouttelettes, et l'on dit alors que la vapeur a été *condensée* ou *précipitée.*

On peut connaître la quantité de vapeur invisible que renferme l'air au moyen de petits instruments nommés hygromètres (2).

On peut alors, au moyen d'un calcul peu difficile (3), savoir au juste la quantité de vapeur que renferme un volume donné d'air.

En Belgique, la quantité moyenne de la vapeur répandue dans l'air varie selon les heures du jour. Les moyennes annuelles sont les suivantes :

Minuit.	89°,8.
2 heures.	90°,8.
4 id.	91°,8.
6 id.	91°,4.
8 id.	86°,9.
9 id.	83°,5.
10 id.	79°,9.
Midi	74°,3.
1 heure.	73°,3.
2 id.	72°,2.
4 id.	73°,6.
6 id.	77°,7.

(1) Voir Kaemtz et Gasparin pour de plus amples détails.
(2) Voir Kaemtz, p. 67 et suiv.
(3) Voir *Edinb.*, *Cyclop.*, art. *Hygrometry.*

8 heures. . . . . . 84°,3.
9 id. . . . . . . 86°,2.
10 id. . . . . . . 87°,4.

Pendant la nuit il fait plus humide que pendant le jour.

Les mois se suivent en Belgique de la manière suivante, par rapport à leur degré d'humidité atmosphérique :

Décembre (mois le plus humide).
Novembre.
Janvier.
Octobre.
Février.
Mars.
Septembre.
Août.
Avril.
Juillet.
Juin.
Mai (mois le plus sec).

2° *Action de l'humidité sur les plantes.*

L'*hydroscopicité* est la faculté qu'ont certains corps d'absorber ou de se laisser imbiber par l'humidité. Les végétaux, surtout certaines parties sèches des végétaux, sont hydroscopiques.

L'hydroscopicité peut quelquefois empêcher la fécondation des plantes.

La vapeur d'eau est absorbée par la végétation; elle y pénètre par les stomates du dessous des feuilles.

L'absence des vapeurs dans l'air, ce qui constitue la sécheresse, fait perdre leurs graines à certaines plantes (1).

(1) Telles sont le *madia sativa*, etc.

L'humidité de l'air a une grande influence sur celle du sol, et doit souvent être consultée lors des semis ou de diverses opérations agricoles ou horticoles.

Dans des époques où le sol se dessèche fortement, la vie des plantes est en grande partie soutenue par leur faculté d'absorption par les feuilles.

Pendant la floraison, presque toutes les plantes demandent un air sec (1).

LES BROUILLARDS.

1° *Généralités :*

Les brouillards sont des substances répandues dans l'atmosphère qu'elles obscurcissent plus ou moins. Ce sont des nuages qui reposent sur la terre.

On distingue les brouillards en brouillards secs et brouillards humides ; il y a en outre des brouillards mixtes, ou qui résultent de l'apparition simultanée des deux nommés plus haut.

Les brouillards humides mouillent les vêtements et les corps qui y sont exposés. Les brouillards secs ont des propriétés opposées.

Les brouillards secs sont ou simplement odorants, ou ont une odeur fétide. Tout brouillard sec a de l'odeur. Le brouillard sec peut être blanc, bleuâtre, brun-bronzé ou lilas. Les plus foncés ont l'odeur la plus forte (2).

Les brouillards humides, sans être odorants, ont une odeur qu'on peut appeler *de froid*.

(1) Ceux qui désirent de plus amples détails sur les effets de l'humidité sur les plantes pourront consulter Williams, *Climate of Great Britain*, p. 84.

(2) Voir Van Mons, *Quelques particularités concernant les brouillards de différente nature*. 1827, in-4°.

En Belgique, les brouillards secs simplement odorants font leur apparition avec le vent du nord; ceux infects surviennent le plus souvent avec un vent d'est. Il se passe peu d'années sans qu'il paraisse des brouillards de cette nature. Ce brouillard paraît avec toutes sortes de temps, pendant les chaleurs les plus cuisantes de l'été, comme pendant les froids les plus âpres de l'hiver. Il se montre souvent lorsqu'une neige épaisse couvre le sol. Son apparition pronostique toujours un changement notable dans la constitution de l'air. Chez nous, l'apparition, au printemps ou en été, d'un brouillard infect présage une saison sèche et chaude; en automne, il pronostique des ouragans, et en hiver, de longues et fortes gelées.

En 1783, un brouillard infect dura pendant trois mois consécutifs, et couvrit la plus grande partie de l'hémisphère boréal.

Chaque fois qu'un brouillard qui humecte les corps est odorant, c'est qu'il n'est pas exempt de mélange avec un brouillard sec.

Dans la Flandre et dans le Brabant, soit au commencement du printemps, soit à la fin de l'automne, les brouillards secs sont fréquents. Le professeur Van Breda a prouvé que l'odeur de ces brouillards était due à de l'acide hydrochlorique, et qu'on se trompait en l'attribuant à la fumée produite par l'écobuage de bruyères.

Les brouillards humides doivent leur origine à la vapeur d'eau contenue dans l'air qui est précipitée; ce phénomène trouble la transparence de l'air, et cette condensation aqueuse prend le nom de brouillard quand elle est à la surface de la terre, et de nuage lorsqu'elle reste suspendue à une certaine hauteur dans l'atmosphère. Le brouillard renferme une multitude de petits corps sphériques, légers, vésiculaires, qui paraissent creux et qui sont formés d'eau; ce sont les analogues en miniature de ce qu'on appelle des bulles d'air, qu'on souffle avec de l'eau de savon.

Ces brouillards s'élèvent souvent à la surface des étangs, des rivières, des lacs; d'autres fois, ils nous arrivent chassés par les vents.

H. Davy a prouvé que les brouillards indiquent toujours certaines perturbations dans les couches atmosphériques, et que la simple superposition de deux couches d'air de température différente suffisait pour produire un brouillard.

La moyenne des jours de brouillard, en Belgique, est de soixante-trois par an.

2° *Action des brouillards sur la végétation.*

Les brouillards humides ont une influence considérable sur les arbres qui les absorbent; c'est pourquoi le défrichement peut changer la nature du climat d'une localité (1).

Les brouillards peuvent occasionner la maladie connue sous le nom de *retrait*, c'est-à-dire que le fruit ou l'épi d'une plante, au lieu de se produire normalement, reste stérile, au moins en majeure partie.

Les brouillards humides se condensent sur les plantes, puis, y gelant, peuvent également occasionner leur mort.

Duhamel et d'autres assurent que la *rouille* (uredo rubigo) se développe souvent après les brouillards, qui favoriseraient la croissance de ce malfaisant champignon.

(1) Voir Moreau de Jonnès, *Mémoire sur l'influence du déboisement sur le climat*, 1825, in-4°, et Boussingault, *Économie rurale*, t. II.

LES NUAGES.

1° *Généralités.*

Les nuages sont des brouillards élevés au-dessus de nous, et suspendus à des hauteurs variables dans l'atmosphère.

Les nuages sont tantôt chargés d'électricité positive (voir ce qui précède), tantôt d'électricité négative; quand deux nuages chargés d'électricité différente se concentrent, il éclate un orage.

Les nuages affectent diverses formes accidentelles auxquelles Luke Howard a donné divers noms qu'il est bon de connaître; ce sont les suivants :

1° *Les cumulus* ou nuage d'été (balle de coton), se montrent souvent sous forme de demi-sphères reposant sur une base horizontale; quelquefois ces demi-sphères s'accumulent les unes sur les autres. Ce sont des nuages floconneux ou moutonnés comme la laine sur le dos d'un mouton. — Les cumulus sont les nuages les plus élevés et les plus légers;

2° *Les cirrus* (queue de chat) se composent de filaments déliés dont l'ensemble ressemble tantôt à un pinceau, tantôt à des cheveux crépus, tantôt à un réseau délié. Ce sont des nuages qui prennent la forme de longs filets;

3° *Les stratus* forment une bande horizontale qui se voit au coucher du soleil, et qui souvent représentent des montagnes couvertes de neige;

4° *Les nimbus* sont des nuages bruns, noirs, ou plombés et lourds, ce sont des stratus plus développés.

Ces divers genres de nuages peuvent se combiner

ensemble pour former des nuages qu'on a nommés :

1° *Cirro-cumulus*. Formé du mélange de cumulus et de cirrus, mais où le cirrus prédomine (1);

2° *Cumulo-cirrus*. Formé du mélange de cumnlus et de cirrus, mais où le cumulus prédomine;

3° *Cirro-stratus*. Mélange de cirrus et de stratus;

4° *Cumulo-stratus*. Mélange de cumulus et de stratus;

5° *Nimbo-stratus*. Mélange de nimbus et de stratus.

Les mois de juin, juillet et octobre sont en Belgique les plus nuageux, tandis que ceux de mars, avril, mai et septembre sont, en général, les plus sereins.

Le mois de mai est généralement caractérisé par des cirrus et des cirro-stratus; avril et juin par des nimbus. Nous n'avons, en général chez nous, qu'une dizaine de jours entièrement sereins, et une trentaine de jours entièrement couverts.

En 1849, nous avons eu pendant l'année 69 cirrus, 73 cirro-cumulus, 159 cumulus, 60 cirro-stratus, 370 cumulo-stratus, 312 stratus, 18 nimbus, 215 éclaircies, 515 ciels couverts et 12 jours sans nuages. Pendant 50 jours, le ciel a été entièrement couvert. — Une éclaircie est un trou dans les nuages par lequel on aperçoit le ciel bleu.

2° *Action des nuages sur la végétation.*

Les nuages agissent indirectement sur la végétation, en modifiant la lumaire solaire, en diminuant la quantité de chaleur qui nous arrive, et en empê-

(1) Voir Whistlecraft, *Climate of England*, p. 27.

chant le rayonnement du sol vers l'espace ; ainsi qu'en amenant des pluies, des orages, etc.

L'action des nuages sur la végétation demande à être encore étudiée : on ne s'en est presque pas occupé jusqu'à ce jour.

DE LA PLUIE.

1° *Généralités* (1).

La pluie est de l'eau contenue dans l'air qui tombe sur le sol ; elle est occasionnée par la rencontre de deux couches d'air de température différente qui se mélangent ; la couche froide, en attirant la chaleur de l'autre couche, fait rapprocher les vésicules de vapeur aqueuse ou des brouillards de cette dernière, et ces vésicules s'agglomérant alors forment des gouttes d'eau. Ces gouttes deviennent trop lourdes pour rester suspendues dans l'air et tombent sous forme de pluie (1).

Pour déterminer la quantité de pluie qui tombe, on se sert d'instruments appelés pluviomètres ou udomètres ; ce sont des vases ouverts du haut et placés dans un lieu découvert, de manière à recevoir directement la pluie ou la neige qui tombe de l'atmosphère. Après chaque pluie on mesure la quantité d'eau qu'ils contiennent, et l'on dit qu'il est tombé autant de centimètres, autant de millimètres de pluie, d'après la hauteur de l'eau dans l'instrument.

Dans nos climats, la quantité de pluie varie avec les saisons.

(1) C'est la théorie de Hutton et de Dalton.

(2) Consulter aussi *Quarter. journ. of agric.*, t. III, p. 13, et *Encyclop. metropolit.*, art. *Meteorology*, ainsi que Forster, *Researches into atmosph. phenom.*, p. 247 et 342.

Les pluies peuvent acquérir des propriétés chimiques qui les rendent propres à l'alimentation des plantes : ce sont surtout les pluies d'orage qui sont dans ce cas; elles renferment toujours du nitrate d'ammoniaque. Sous le rapport de la culture, c'est moins la quantité annuelle d'eau que reçoit une contrée, que la répartition mensuelle de la pluie qu'il importe de connaître; c'est de cette répartition que dépend le plus souvent la fertilité ou l'aridité du sol.

En Belgique, les mois les plus pluvieux se succèdent généralement de la manière suivante :

Juillet (mois le plus pluvieux) (1).
Décembre.
Octobre.
Janvier.
Novembre.
Juin.
Mai.
Août.
Septembre.
Avril.
Mars.
Février (mois le moins pluvieux).

Nous avons en moyenne à Bruxelles 189 jours de pluie; à Liége un peu moins.

La quantité d'eau qui tombe annuellement varie de 600 à 800 millimètres plus ou moins.

Les vents ont une grande influence sur les pluies; nous avons indiqué, au chapitre qui traite des vents, ceux qui sont humides ou pluvieux, nous n'y reviendrons plus ici.

Dans la même localité, la quantité de pluie qui

(1) C'est-à-dire mois où la terre reçoit la plus grande quantité d'eau.

tombe varie fort peu d'une année à l'autre : c'est un fait prouvé par l'expérience.

En été, il tombe plus de pluie en un petit nombre de jours, qu'en hiver en un grand nombre; pendant la nuit, il tombe plus d'eau que pendant le jour.

La pluie pénètre dans le sol à une profondeur égale à six fois la hauteur de la colonne d'eau de l'udomètre. Ainsi, une pluie de deux centimètres pénètre dans la terre à une profondeur de douze centimètres, c'est du moins le cas le plus général.

2° *Action de la pluie sur la végétation.*

La pluie agit d'une manière très-notable sur la végétation. Afin de ne pas prolonger inutilement ce sujet, nous résumerons ici en peu de mots ses effets :

1° La pluie est électrisée tantôt positivement, tantôt négativement. Elle tombe sur les plantes, et il se fait alors un échange d'électricité très-favorable à la croissance de ces dernières (voir ce que nous disons en parlant de l'électricité);

2° La pluie alimente les plantes par les sels d'ammoniaque qu'elle tient en suspension;

3° La pluie sert de dissolvant à toutes les matières alimentaires des végétaux qui pénètrent par les racines;

4° La pluie influe sur le développement des plantes par son action très-diverse sur les sols, suivant leur nature argileuse, sablonneuse, etc. (1);

5° L'excès de la pluie amène la pourriture de différentes parties des végétaux; elle peut aussi nuire à la maturation des fruits et à la fécondation.

(1) Pour qu'un sol ne soit ni trop sec ni trop humide, il faut qu'à 30 centimètres sous terre il renferme ni moins de 10 p. c., ni plus de 30 p. c. d'eau, cela par un temps moyennement sec.

DE LA NEIGE (1).

Lorsque les vésicules aqueuses de l'air sont saisies par le froid, elles se congèlent et, s'accolant les unes aux autres, forment des flocons de neige.

Les neiges qui tombent en Belgique sont de deux espèces, les neiges cristallisées et les neiges amorphes. Les premières présentent, quand on les examine avec soin, des flocons dont les formes sont régulières, fort jolies et étoilées; elles tombent avec une température qui varie de deux degrés en dessous à deux degrés au-dessus de 0 : ce sont les neiges les moins froides.

Les neiges amorphes présentent, au lieu de flocons réguliers, de petits fragments de formes irrégulières et solides, ressemblant à des morceaux de glace.

La moyenne du nombre de jours de neige en Belgique est de 24 par an; cela varie d'ailleurs beaucoup d'une année à l'autre; en 1835 nous n'avons eu que 12 jours de neige; en 1837 et en 1844 nous en avons eu 37.

La neige tombe chez nous du mois de novembre au mois de mars; c'est au mois de février qu'il en tombe généralement le plus.

Dans le Condroz et l'Ardenne, il tombe plus de neige que dans les plaines, et cette neige reste plus longtemps sur le sol; elle influe considérablement sur la végétation de ces régions élevées. La neige contient beaucoup d'air entre ses pores.

La culture à billons est adoptée dans une grande partie du pays flamand, afin de faciliter l'écoulement de la neige fondante.

(1) Voir Scoresby, *Polar regions* ; Reid, *Chemist of nature*, p. 192.

Action de la neige sur les végétaux.

La neige en hiver, lorsqu'elle couvre le sol pendant un temps plus ou moins long, est extrêmement favorable aux récoltes; elle préserve les végétaux délicats de l'atteinte des vents froids et coupants, elle empêche la congélation des racines, elle arrête le rayonnement du sol et des parties vertes, et empêche par conséquent le refroidissement trop considérable des plantes; elle renferme souvent de l'ammoniaque (1).

La neige contenant beaucoup d'air atmosphérique n'arrête pas la respiration des plantes.

L'eau provenant de la neige fondue est impropre à la germination des graines.

La neige peut devenir nuisible par son poids qui peut briser des parties fragiles des végétaux, par l'eau qu'elle produit en fondant et qui, coulant le long des branches, va trouver les bourgeons qu'elle peut détruire, soit par pourriture, soit par sa congélation postérieure.

Des neiges tardives peuvent détruire des plantations précoces.

On secoue les plantes couvertes de neige au moyen d'une corde tendue à travers le parterre et tenue à chaque extrémité, avec laquelle on balaye ainsi en peu de temps un espace considérable.

(1) Liebig, *Chim. organ.*, p. 45.

DE LA GRÊLE.

1° *Généralités.*

La grêle tombe sous forme de glace; elle affecte des formes arrondies; les grelons varient en grosseur depuis celle d'un grain de millet à celle d'un œuf de poule et au delà. La formation de la grêle est due à des phénomènes électriques qui se passent dans l'atmosphère, mais qui ne sont pas encore bien connus. La grêle se forme à une hauteur peu considérable dans l'atmosphère; plus elle tombe de haut, plus elle tombe avec force.

Il grêle en moyenne neuf fois par an en Belgique; cela varie d'ailleurs de quatre fois (1837) à seize fois (1845).

C'est ordinairement aux mois de mars et d'octobre qu'ont lieu les orages de grêle, mais il en tombe quelquefois encore aux mois de mai, de juin et de juillet, rarement à d'autres époques.

La grêle tombe rarement pendant la nuit.

2° *Effets de la grêle sur la végétation.*

La grêle est un des plus grands fléaux du cultivateur; elle brise et déchire toutes les parties tendres des plantes, et occasionne des désastres que les meilleurs abris ne peuvent que rarement empêcher.

DU GIVRE, DU GRÉSIL, DU VERGLAS.

1° *Généralités.*

A. Le *givre* ou la gelée blanche n'est autre chose que de la rosée qui s'est congelée pendant la nuit.

On remarque surtout ce phénomène pendant les mois d'avril et de mai, alors que le rayonnement nocturne abaisse la température des corps au-dessous de zéro (1).

Le *givre* ne se produit que par un temps de lune; c'est dans les lieux les mieux abrités du vent que la gelée blanche sévit avec le plus de fréquence, et son intensité est en raison de la sérénité du ciel.

B. Le *grésil*. On appelle grésil de fort petites aiguilles de glace entrelacées qu'on trouve suspendues aux plantes. Le grésil est dû au froid qui congèle les vapeurs atmosphériques en les condensant sur les corps exposés à l'air.

C. Le *verglas* est de la pluie qui gêle à terre après être tombée, et qui couvre le sol d'une croûte de glace.

2° *Action sur la végétation.*

Le givre détruit souvent le sommet des jeunes pousses des plantes, ainsi que toutes les parties juteuses.

Le verglas peut anéantir des récoltes entières; c'est un des phénomènes les plus dangereux pour les plantes précoces.

(1) Voir *Prize essay of highl. agr. soc.*, vol. XIV, p. 250; Bird, *Elem. of nat. philos.*, p. 232.

Le grésil est également fort nuisible aux jeunes semis, tels que pois, haricots et autres.

Au moyen d'abris convenablement établis, on peut souvent prévenir les effets néfastes de ces trois fléaux du cultivateur.

DE LA ROSÉE (1).

1° *De la rosée en général.*

Lorsque la vapeur d'eau répandue dans l'atmosphère est condensée pendant la nuit sous forme de gouttelettes répandues à la surface des plantes et d'autres corps, elle prend le nom de rosée. Ce genre de précipitation n'a lieu que par un ciel serein et par un temps tranquille : cette vérité est connue depuis le temps d'Aristote.

La rosée, comme l'a si bien prouvé Wells (2) par ses belles expériences, n'est due qu'à un abaissement de température des couches d'air qui sont en contact avec le sol. Lorsque celui-ci s'échauffe pendant la journée, les vapeurs s'élèvent; et lorsque vers le soir le sol se refroidit par irradiation d'une partie de la chaleur absorbée pendant le jour, ces vapeurs se condensent sur la terre et les corps froids qui s'y trouvent.

Tous abris qui s'opposent au rayonnement du sol, tels que des nuages, des arbres à larges branches, etc., empêchent la formation de la rosée, et partant de la

(1) Voir aussi Gasparin, *Cours d'agriculture*, t. II, p. 120. — Boussingault, *Économie rurale*, t. II, p. 688. — Garstin, *Treatise on dew*.

(2) *Relat, of heat and moisture*, p. 57 et 132, et Wells, *on Dew*, p. 64, etc.

gelée blanche qui n'est, comme nous venons de le voir, que de la rosée congelée.

La température d'une plante humectée de rosée est de 4 à 6 degrés inférieure à celle de l'air environnant.

La rosée est plus abondante dans les plaines que sur les montagnes.

Plus l'air est chaud pendant le jour, plus la rosée suivante sera forte.

2° *Action de la rosée sur la végétation.*

La rosée exerce sur la végétation une influence bienfaisante pendant les mois chauds de l'année, alors que le sol est desséché et les pluies rares; elle restitue à la terre son humidité, elle ranime les plantes flétries.

La rosée peut devenir nuisible au premier printemps et en automne, elle peut se congeler et détruire les plantes. La lune rousse n'est généralement due qu'à des rosées de ce genre.

DU SEREIN.

Le serein ressemble à une pluie fine qui tombe sans qu'on aperçoive de nuages dans le ciel; c'est généralement au coucher du soleil que s'observe ce phénomène, et surtout dans les gorges des montagnes. En Belgique, le serein n'est pas rare dans les vallées du Condroz et de l'Ardenne pendant la belle saison.

Le serein doit son origine à un abaissement de température dans les couches supérieures de l'atmosphère; c'est une précipitation de la vapeur atmosphérique.

Le serein est, comme la rosée, souvent fort utile à la culture; il tombe à l'heure à laquelle on doit verser l'eau sur les plantes, et produit des effets analogues à un arrosement.

CHAPITRE V.

CLIMATOLOGIE (1).

La quantité d'humidité atmosphérique, la direction des vents constants, la distribution des mers et des continents, la chaleur moyenne de diverses contrées, les différences dans la nature du sol, sont autant de causes qui influent sur la vie des plantes et qui permettent à certaines espèces de vivre dans telle localité, tandis qu'elles ne croissent plus dans telle autre. On appelle *climats identiques* tous les lieux où les circonstances météorologiques sont semblables et influent d'une manière similaire sur les plantes.

Le degré de latitude et de longitude, la hauteur

(1) Les ouvrages à consulter sur cette partie sont :
Alexandre de Humboldt, *Essai sur la géographie des plantes*. Paris, 1805.
Alexander von Humboldt und A. Bonpland. *Ideen zu einer Geographie der Pflanzen*. Tubingen, 1807.
Humboldt, *Ansichten der Natur*. 1808 et 1826, 2 vol.
Wahlenberg, *Tentamen de vegetatione et climate in Helvetia septentrionali* Turici, 1813, 8°.
Show, *Elément de géographie botanique universelle*.
Show, *Grundzüge einer allgemeiner Pflanzen geographie*. Berlin, 1823.
Beilschmid, *Pflanzen geographie*. Breslau, 1831, in-8°.
Humboldt, *de Distributione geographica plantarum*. Paris, 1817.
Meyen, *Grundriss der pflanzen geographie*. Berlin, 1836.
Gasparin, *Cours d'agriculture*, t. I.
Johnston, *Physical atlas*.

au-dessus de la mer (altitude), la chaleur du sol, sont autant de modificateurs de la distribution des végétaux à la surface du globe. Tout ce qui se rapporte à ces faits rentre dans l'étude de la géographie botanique, dont la climatologie n'est qu'un embranchement. Cette science est d'un grand intérêt scientifique aussi bien que pratique. La prospérité agricole et horticole des nations dépend en grande partie des lois qui régissent la répartition de certains végétaux.

Il est bon de dire ici qu'on appelle *lignes isothermes* les lignes imaginaires tirées par tous les points où la température moyenne de l'année est la même; lignes *isothères* des lignes imaginaires qui relient ensemble toutes les localités où la température moyenne de l'été est la même, et enfin lignes *isochimènes* des lignes imaginaires qui relient ensemble tous les points du globe où la chaleur moyenne des hivers est la même.

Ces lignes sont loin de décrire des cercles concentriques ou de suivre une marche régulière autour du monde; elles forment des courbes souvent ondulées qui tantôt montent vers le nord, tantôt s'abaissent vers le midi, en suivant des lois qui ne sont pas encore toutes bien connues.

Nous avons déjà vu précédemment qu'en partant d'un lieu quelconque la température décroît ou augmente, selon qu'on se dirige vers les pôles ou qu'on marche vers l'équateur. Cette chaleur peut faire varier le moment de germination, de floraison, d'effeuillaison, de maturation des plantes d'environ quatre jours par degré de latitude (1).

Une élévation de cent mètres au-dessus d'un lieu amène également un retour de quatre jours dans la

(1) 25 lieues de 5556 mètres valent un degré de latitude.

végétation de plantes croissant sous un même degré de latitude.

Il nous est impossible d'entrer, dans un livre de la nature de celui-ci, dans l'examen de toutes les considérations qui se rattachent à une étude qui n'a d'autres bornes que la surface du monde que nous habitons, d'autres maximes que les influences cosmiques de notre planète.

Meyen divise la surface du globe en huit zones horizontales dont chacune renferme un certain nombre de plantes, lesquelles ne se rencontrent jamais, ou seulement accidentellement, hors de ces zones; ce sont:

1. La zone *équatoriale* ou des palmiers et des bananes.
2. » *tropicale* ou des fougères et des figuiers.
3. » *subtropicale* ou des myrtacées et des laurinées.
4. » *tempérée chaude* ou des plantes dicotylédones toujours vertes.
5. » *tempérée froide* ou celle des chênes et des arbres dicotylédones d'Europe.
6. » *subarctique* ou des pins.
7. » *arctique* ou des rhododendrons.
8. » *polaire* ou des plantes alpines.

La *zone équatoriale* a une température moyenne annuelle de 26 à 28 degrés; elle comprend un espace de 15 degrés au nord et au sud de l'équateur.

La *zone tropicale* s'étend depuis la zone équatoriale jusqu'aux tropiques; la chaleur moyenne y est de 23 à 27 degrés.

La *zone subtropicale* s'étend depuis les tropiques jusqu'au 34e degré de latitude; la chaleur moyenne de l'année y est de 17 à 21 degrés, mais celle de l'été s'élève de 23 à 28 degrés.

La *zone tempérée chaude* s'étend entre les 34e et

45° degrés de latitude; elle pénètre en Europe aussi loin que les Pyrénées et le midi de la France, et embrasse la Grèce, l'Italie, etc. La température moyenne varie de 12 à 17 degrés.

La *zone tempérée froide* comprend une bande commençant au 45e degré de latitude et finissant au 58e. Cette zone commence à la limite nord de la zone précédente, et comprend la majeure partie de l'Europe ainsi que la Belgique. La température moyenne annuelle varie de 6 à 12 degrés. En Belgique, la température moyenne annuelle est de 10°,07.

Show a nommé cette zone le royaume des plantes ombellifères et des crucifères (1), mais il l'étend plus au nord que Meyen. C'est dans cette zone que se termine généralement la culture du froment. La physiognomie de la zone tempérée froide nous est bien connue. Une végétation particulière lui donne son cachet spécial; ce sont d'un côté des bruyères couvertes d'une même plante, le *calluna vulgaris,* parmi lesquelles paraissent çà et là des genévriers (*juniperus communis*), des ledum, l'andromède et quelques saules de faible taille; ce sont d'autre part de vastes forêts d'arbres dicotylédones dont les tiges grêles et le pâle feuillage contrastent avec le vert sombre des groupes de pins. Nos forêts d'arbres dicotylédones perdent en hiver leur feuillage, et l'on n'aperçoit plus alors que le gui sacré des anciens druides, et qui reste toujours vert sous forme de touffes sur les branches décharnées.

Nos bois sont pauvres en espèces d'arbres en comparaison des luxuriantes forêts des régions tropicales; et au lieu de phyllandrées luisantes, l'écorce de nos arbres ne supporte que quelques lichens et quel-

(1) Voir *Grundzüge*, p. 50.

ques mousses de faible croissance. Les branches de nos chênes et de nos hêtres ne portent pas de lianes, mais nos arbrisseaux donnent un faible appui au chèvre feuille; leur tronc ne porte pas d'orchidées odorantes ni de belles aroïdées, mais il permet au lierre de le couvrir de son beau manteau vert.

La *zone tempérée froide* est riche en arbrisseaux; les ronces et la boule de neige (*viburnum opulus*) sont des espèces remarquables qui la caractérisent. La végétation de notre pays se continue presque sans interruption jusqu'en Asie. Nous trouvons jusqu'aux bords du Volga le trapa natans, le chora vulgaris, le salvia pratensis et bien d'autres espèces (1).

La *zone subarctique* est moins étendue que les zones précédentes; elle s'étend depuis le 58e degré de latitude jusqu'au cercle arctique, c'est-à-dire jusqu'au 60e degré. La température moyenne de cette zone varie de 4 à 6 degrés. Les lignes isothermes de cette zone sont très-irrégulières, et la végétation s'en ressent.

La *zone arctique* est encore plus étroite que la subarctique; elle s'étend depuis le 60e degré jusqu'au 72e. Sa température moyenne annuelle n'est que de 2 degrés.

La *zone polaire* comprend tout l'espace situé au-dessus de la zone arctique. La température moyenne de l'année y est de 17 degrés au-dessous de 0; celle de l'été, de 3 degrés au-dessus de 0. Peu de plantes vivent dans ces régions inhospitalières où la nuit dure pendant plusieurs semaines, et même jusqu'à six mois dans les points extrêmes.

Gasparin (2) divise l'Europe en cinq régions agricoles qu'il a nommées :

(1) Voir Pallas, *Voyages*, t. I, p. 15 et 168.
(2) *Cours d'agriculture*, t. II, p. 328.

1° La région des oliviers;
2° La région des vignes;
3° La région des céréales;
4° La région des herbages (pâturages);
5° La région des forêts.

La Belgique se trouve située en majeure partie dans la région des céréales; elle est bornée au nord par celle des herbages qui s'étend le long des côtes de la mer du Nord. La région des vignes vient s'y terminer dans les provinces méridionales.

Show a partagé l'Europe en régions, en se basant sur les limites des cultures de certaines plantes; voici sa division :

1° Limite des arbres verts;
2° Limite du châtaignier;
3° Limite du hêtre;
4° Limite du chêne;
5° Limite du pin;
6° Limite du bouleau.

Il a également divisé ce continent d'après les limites de certaines cultures, comme suit :

1° Limite de la culture de l'oranger;
2° Limite de la culture de l'olivier;
3° Limite de la culture du maïs;
4° Limite de la vigne;
5° Limite des arbres fruitiers (poires, cerises, abricots, pommes);
6° Limite du froment;
7° Limite de l'orge.

Nous nous trouvons, d'après Show, dans les régions du hêtre et dans celles des arbres fruitiers et du froment.

Les limites de la culture de certaines plantes sont quelquefois changées par d'autres causes que les circonstances météorologiques; ainsi certaines conditions économiques et statistiques peuvent interdire la propagation de tel ou tel végétal. Il nous est impossible d'entrer dans ces détails.

Un élément important dans la possibilité des cultures, c'est la situation des lieux. La situation d'un lieu est déterminée par sa latitude, sa longitude et sa hauteur au-dessus de la mer (altitude). Quelques plantes croissent presque indifféremment à toutes les latitudes, mais c'est la grande minorité des espèces. L'altitude amène une diminution de chaleur d'environ un demi-degré pour 300 pieds. La Belgique est située entre le 49e et le 52e degré de latitude nord, et du 1er au 15e degré de longitude à l'est de Paris. Elle forme un plan incliné plus ou moins accidenté, s'étendant depuis les Ardennes, qui s'élèvent à plus de 600 mètres, jusqu'au niveau de l'Océan.

Les districts les plus remarquables de la Belgique, districts où la culture varie pour chacun d'eux, sont les suivants (1) :

1° L'Ardenne;

2° Le Condroz (rive droite de la Meuse);

3° La Hesbaye (rive gauche de la Meuse);

4° Le Hainaut;

5° La Campine (entre l'Escaut, la Meuse, le Demer et la Nèthe);

6° Le Brabant;

7° La Flandre;

8° Les Polders.

L'étude approfondie de ces diverses localités présenterait beaucoup d'intérêt pour l'agriculteur, mais pour le maraîcher elle est peu importante; c'est ce qui nous engage à la négliger ici.

(1) Nous en parlons plus loin dans notre chapitre sur la *Géologie horticole de la Belgique*.

On nomme *exposition* d'un lieu son aspect relativement au soleil; une pente est exposée au nord, au sud, etc.; un coteau exposé à l'ouest est souvent brûlé du soleil qui y arrive presque subitement pendant les fortes chaleurs du jour. On dit qu'un lieu a une exposition de quatre heures, de huit heures, de dix heures, de onze heures, de douze heures, selon que le soleil vient le réchauffer à 4, 8, 10, 11 ou 12 heures.

Pour l'emplacement des châssis, des murs et des abris, on doit toujours prendre note de la situation d'un lieu.

Une contrée peut avoir une exposition générale particulière; ainsi l'exposition générale de la Belgique est d'une part de l'est à l'ouest, de l'autre, du nord au sud, comme l'indique d'ailleurs la direction des cours d'eau.

L'exposition partielle ne dépend que des accidents de terrain; on peut même la modifier artificiellement.

Une localité parfaitement plate est dite avoir une *exposition libre* ou *indifférente.*

Le climat de la Belgique peut se résumer de la manière suivante :

Atmosphère. Pression moyenne, 756 millimètres.
Vents. Vents dominants. Du sud à l'ouest (surtout ouest-sud-ouest) et est-nord-est.
Température. Moyenne de l'année, 10°,07.
Électricité. Orages. Moyenne de 13 par an.
Météores.
- Humidité de l'air. Maximum en décembre. Minimum en mai.
- Brouillards. Moyenne 63 jours par an.
- Nuages. . . . Maximum Cumulo-stratus. Minimum. Ciel serein.
- Pluie. Moyenne annuelle de 600 à 800 millimètres.
- Neige. Moyenne 24 fois par an.

Altitude. De 680 à 0 mètres.
Exposition générale. N. et S.; O. et E.
Situation. Entre 49 et 52° lat. N. et 1° à 15 long. E.

CHAPITRE VI.

MÉTÉOROGNOSIE.

La météorognosie comprend l'art de pronostiquer ou de prédire le temps qu'il va faire par l'étude de phénomènes actuels.

On peut souvent savoir d'avance quels changements atmosphériques vont se produire par la simple observation des manœuvres de divers animaux, par l'examen de certaines parties des plantes, par l'étude du ciel et des météores, enfin par l'usage des instruments météorologiques. Nous étudierons séparément chacune de ces catégories de pronostics (1).

L'horticulteur a souvent besoin de deviner le temps qu'il va faire, afin de régler d'après cela ses diverses opérations; c'est ce qui nous a engagé à étendre un peu ce sujet trop peu étudié jusqu'à ce jour.

1° *Pronostics tirés des animaux* (2).

Avant la pluie :
Les hirondelles rasent la surface du sol.
Les lézards se cachent.
Les oiseaux lustrent leurs plumes.

(1) On pourra consulter avec fruit les travaux de Gasparin, t. II, p. 563 ; le premier livre des *Géorgiques* de Virgile ; l'*Histoire naturelle* de Pline ; *Rules of the shepherd of Banbury*, p. 15, by Caridge ; *Météorologie pratique* de Senebier ; *The book of the farm*, by Stephens.
(2) Voir Jesse, *Gleanings of nat. hist.*; *Stephens book of the farm*; *Knapp Journ. of a naturalist*, etc., etc.

Les mouches (*stomoxys calcitrans*) piquent fortement.

Les poules se grattent et se vautrent dans la poussière.

Les poissons sautent hors de l'eau.

Les canards et les oies battent des ailes, crient et se baignent.

Les bêtes à cornes mettent le nez au vent pour aspirer l'air, puis se rassemblent en troupeaux aux angles des prairies ou à l'ombre, en plaçant leur tête en arrière du vent.

Les moutons quittent le pâturage avec regret.

Les chèvres choisissent les lieux abrités.

Les ânes braient longuement et fréquemment, et secouent les oreilles.

Les chiens se couchent devant l'âtre et paraissent engourdis.

Les chats tournent le dos au feu et se fardent.

Les porcs se couvrent d'une couche de litière plus épaisse qu'à l'ordinaire.

Les coqs battent des ailes et chantent à des heures inaccoutumées.

Les pigeons se lustrent les plumes.

Les paons crient du haut des arbres.

La pintade profère son cri incessant.

Les moineaux s'assemblent en troupes nombreuses à terre ou dans les haies, et poussent tous ensemble des cris incessants.

Les corbeaux croassent lentement et par intervallles.

Les oiseaux aquatiques plongent souvent et se lavent.

Les taupes élèvent des taupinières plus nombreuses que d'ordinaire.

Les crapauds quittent leur retraite en grand nombre.

Les grenouilles coassent.

Les chauves-souris pénètrent dans les appartements.

Les rouges-gorges s'approchent des habitations.

Les cygnes domestiques volent contre le vent.

Les abeilles quittent avec défiance leurs ruches et ne s'en éloignent guère.

Les fourmis transportent activement leurs œufs (coques).

Les vers de terre rampent à la surface du sol.

Les grosses espèces de limaçons et d'hélices font leur apparition.

Quand le temps va être beau :

Les tipules (*tipula hiernalis*, etc.) et les cousins (*culex*) volent, le soir, en colonnes nombreuses qui s'élèvent dans les airs.

Les rainettes qu'on tient dans un bocal s'élèvent sur de petites échelles.

Les signes suivants indiquent un vent prochain.

Les bêtes à cornes font des sauts et secouent brusquement la tête.

Les moutons deviennent folâtres et buttent leurs têtes.

Les porcs transportent de la paille dans la bouche, crient et secouent la tête.

Les chats grattent les arbres et les pieux.

Les oies essayent de voler ou étendent leurs ailes.

Les pigeons claquent fortement des ailes en volant.

Les hirondelles se tiennent d'un seul côté des arbres afin de se nourrir des insectes qui s'abritent du côté opposé au vent.

Les pies se réunissent en petites volées et jasent entre elles.

Avant des orages.

La litorne chante fort et longtemps.

Les hirondelles de mer quittent la côte pour pénétrer à l'intérieur des terres.

Les marsouins se réunissent en troupes qui pénètrent dans les rivières ou s'approchent des côtes.

Les martinets s'éloignent des villes et voltigent au-dessus des campagnes en criant fortement.

2° *Pronostics tirés des végétaux.*

La calendule pluviale s'ouvre avant la pluie; la campanule glomérée se ferme dès que le temps se couvre.

L'hibiscus trionum se ferme avant la pluie.

La pimprenelle s'ouvre; les tiges des légumineuses se redressent avant la pluie.

Le souci d'Afrique (*Calendula Africana*) ouvre ses fleurs le matin et les referme à quatre heures du soir par un temps sec, mais elles ne s'ouvrent pas le matin quand il doit tomber de l'eau (1).

Quand le laiteron de Sibérie (*Sonchus Sibericus*), ferme sa fleur pendant la nuit, on a du beau temps le lendemain; si elle reste ouverte pendant la nuit, on doit s'attendre à de la pluie.

3° *Pronostics tirés de l'état du ciel.*

Quand il y a des cumulus au ciel et que l'air est

(1) Linnæi, *Philosophia botanica*, Ed. 4, p. 417.

pur jusqu'au point qu'ils occupent, c'est un signe de beau temps.

Des cumulo-stratus indiquent de la pluie.

Des cirrus placés plus bas que des cumulus, ou des cirrus qui se croisent, sont des indices d'orage.

Les stratus sont généralement les précurseurs d'orages.

Les nimbus annoncent de la pluie ou de l'orage.

Quand le ciel est rouge au levant à l'apparition du soleil et que cette rougeur disparaît après qu'il se montre, c'est un signe de pluie.

Quand le soleil se couche clair dans un ciel sans nuage et d'une teinte orangée, c'est un signe de beau temps.

Quand le ciel est rouge on doit s'attendre à du vent.

Quand la couleur bleue du ciel devient blanchâtre et farineuse, c'est souvent un signe de pluie.

Des nuages fixes, situés du côté d'où le vent souffle, n'amènent que la continuité du vent; ils annoncent sa fin s'ils apparaissent du côté opposé.

Des nuages arrivant à la fois de divers côtés indiquent un orage très-prochain.

Les nuages qui s'accumulent sur le flanc des montagnes annoncent la pluie si le vent est opposé à la montagne; mais les nuages légers, indiquant une ligne dans la direction de la montagne, présagent du beau temps.

Le ciel couvert du côté des vents humides annonce de la pluie, ainsi que les arcs-en-ciel.

Plusieurs jours consécutifs de brouillard amènent de la pluie.

La rosée et les gelées blanches sont souvent les précurseurs de la pluie.

4° *Pronostics tirés des vents.*

Les vents d'ouest et du sud amènent du temps plus chaud (1).

Les vents qui soufflent entre l'ouest et le nord-nord-est amènent rarement des températures élevées; les vents qui amènent le froid sont ceux qui soufflent entre l'est et le nord-ouest.

Les vents entre l'est et le nord-ouest causent la sécheresse; ceux du sud-ouest sont humides.

Deux vents de qualités opposées qui se succèdent amènent la pluie.

Un vent froid suivant un vent chaud est un signe de pluie.

Des vents froids soufflant le matin pour cesser à midi sont des précurseurs de vents humides et chauds.

Les vents qui se lèvent la nuit durent plus longtemps que ceux qui se lèvent le jour.

Quand le vent souffle en suivant le soleil, et se dirigeant vers cet astre, le beau temps est assuré; mais quand il souffle dans une direction opposée au soleil pour se diriger vers le lieu d'observation, le changement de temps se fait bientôt sentir.

5° *Pronostics tirés du baromètre.*

Le baromètre baisse généralement par la pluie et le mauvais temps; il s'élève avec le beau temps. L'échelle du baromètre porte au-dessus du mot *variable*, les mots *beau temps, beau fixe, très-sec*, et en

(1) C'est ici de la direction des vents à la hauteur des nuages qu'il est question; souvent deux ou plusieurs vents se croisent à diverses hauteurs dans l'atmosphère.

dessous de variable, *pluie ou vent, grande pluie, tempête*.

Le baromètre donne quelquefois des indications trompeuses à la suite de perturbations dans les couches atmosphériques, surtout pendant certains vents.

Le baromètre présage presque toujours des vents du nord à l'est quand il monte, et des vents du sud à l'ouest quand il descend.

Plus de la moitié des pluies sont annoncées par la baisse du baromètre.

On peut augurer du temps par suite de la variation régulière diurne du baromètre, laquelle est très-faible pendant la pluie, mais redevient normale et plus considérable avant sa cessation.

6° *Pronostics tirés du thermomètre.*

La baisse ou la hausse subite de plusieurs degrés (4 ou 5) d'un thermomètre placé à l'ombre annonce souvent un changement de vent.

Quand le vent souffle de la région chaude et humide, si le thermomètre baisse en dessous du degré le plus bas qu'il avait atteint le jour précédent, c'est un signe presque assuré de pluie prochaine.

La fixité du degré minimum pendant quelque temps est une annonce de la continuation du même temps.

7° *Pronostics tirés de l'hygromètre.*

L'hygromètre est un instrument souvent trompeur : il indique plutôt la quantité de vapeur contenue dans l'atmosphère que la pluie prochaine. On doit combiner l'observation de cet instrument avec celui des deux précédents pour en tirer de bons pronostics.

Chaque fois que le baromètre baisse, que le thermomètre se trouve dans les cas spécifiés plus haut pour annoncer la pluie, et que l'hygromètre s'approche de son maximum d'humidité, la pluie est presque certaine.

Chaque fois que l'hygromètre marche vers la sécheresse en même temps que le baromètre baisse et que le thermomètre se maintient à son point habituel, sans baisser subitement ni hausser graduellement, il n'y a pas à craindre de la pluie.

8° *Pronostics tirés de l'aspect des astres* (1).

Un soleil pâle annonce de la pluie.

Si le soleil fait éprouver une chaleur étouffante, c'est un signe de pluie.

Un soleil clair et brillant présage une belle journée.

Quand le soleil, à l'horizon, paraît plus grand qu'à l'ordinaire, c'est un signe de pluie.

Quand la lune est pâle ou qu'elle est entourée de cercles, c'est un signe de pluie.

Quand les cornes de la lune sont mal terminées; quand elle paraît plus grande que de coutume, ce sont signes de pluie.

Quand les étoiles perdent de leur éclat ou qu'elles baignent dans une petite nébulosité, ce sont encore signes de pluie.

(1) Nous négligeons à dessein de parler de l'influence directe de la lune lors de son périgée ou de son apogée, des lunistices et des quadratures; car malgré la foi qu'ont généralement les jardiniers dans les phases de la lune, il est prouvé aujourd'hui par de nombreuses et consciencieuses expériences, que tout cela n'est qu'un préjugé. La lune peut avoir une influence faible sur les changements de temps, mais non pas une action directe sur les plantes. Voir les ouvrages de Lambert, Toaldo, Cotte, de la Lande, London, Herschel, etc.

CHAPITRE VII.

PROSATOLOGIE.

La prosatologie a pour but d'indiquer les divers moyens de se prémunir contre les accidents que peuvent produire les phénomènes atmosphériques.

On peut avoir à préserver les récoltes :

1° De l'action de l'air atmosphérique ;

2° De l'action des rayons solaires ;

3° De l'action de l'excès de froid ;

4° De l'action des vents ;

5° De l'action des corps aqueux que renferme l'atmosphère.

1° *Abris contre l'air.*

Pour abriter entièrement les plantes délicates on se sert souvent de *cloches* qui doivent avoir 40 centimètres de diamètre à la base, 20 dans le haut et 36 à 37 de hauteur. La couleur doit être un vert assez pâle. L'utilité de cloches est moins efficace que celle des châssis ; le prix des cloches varie de 60 centimes à un franc. On les obtient à meilleur compte en les achetant par centaines. La crémaillère est une latte en chêne longue de 20 à 24 centimètres sur un côté, duquel sortent trois entailles longues de 5 centimètres, pour soutenir les cloches plus ou moins élevées.

On appelle *panneau* un cadre en bois de chêne,

peint de deux couches à l'huile qui a $1^{m},33$ sur chaque face, et qui est divisé en quatre par trois petits bois pour soutenir le verre; les châssis sont indispensables en culture forcée, et comme abris, on place les panneaux au-dessus des couches de primeurs en les plaçant sur des coffres dont nous allons parler. Leur inclinaison doit être vers le midi. On donne de l'air sous le panneau en l'élevant par derrière. — On appelle châssis un coffre et ses panneaux. Un panneau de châssis vaut environ 12 francs lorsqu'il est peint et vitré.

On appelle coffres des bois sur lesquels reposent des panneaux. Un coffre est généralement à 3 panneaux; c'est un carré long de 4 mètres, large de $1^{m},33$, construit en planches de sapin, et qui se pose sur une couche; le derrière est haut de 27 à 30 centimètres, et le devant de 19 à 22 centimètres. Le bois des coffres ne doit pas être peint, car la couleur peut nuire aux plantes. Le devant du coffre est muni de petits baquets, pour empêcher les panneaux de couler, et le dessus est garni de trois traverses fixées à queue d'aronde (fig. 10) pour maintenir l'écartement et soutenir les bords des châssis.

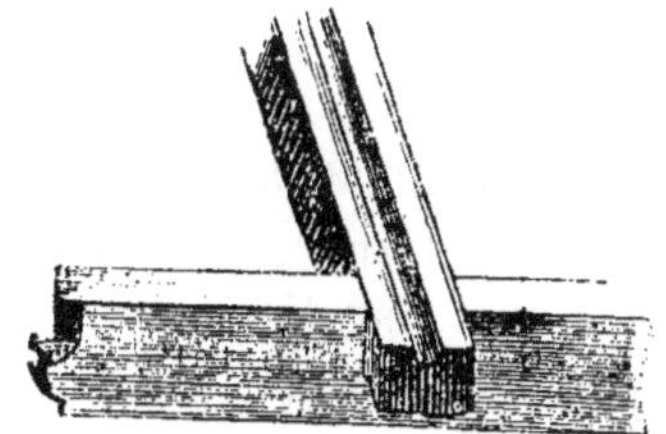

Fig. 10.

On soulève les panneaux par derrière au moyen de cales ou tasseaux.

Un coffre à trois panneaux de châssis coûte environ 10 francs, sans les châssis (voir fig. 11).

On peut encore se servir de cloches économiques

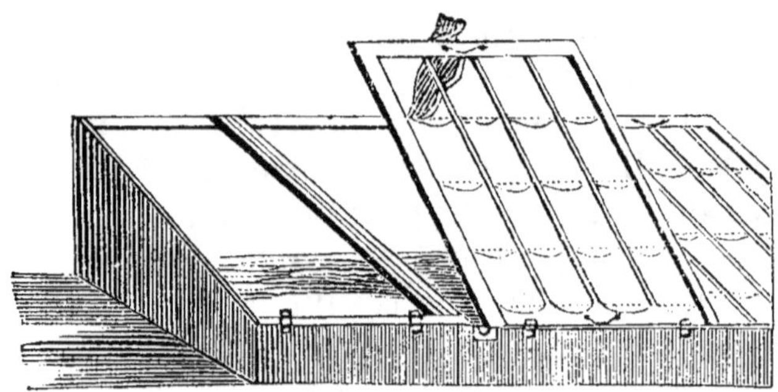

Fig. 11.

décrites par M. Ysabeau dans la Maison rustique du XIXe siècle, vol. 5; ces cloches sont faites en calicot gommé ou en papier huilé, elles sont très-peu coûteuses. On prépare à cet effet une charpente en osier et en fil de fer (voir fig. 12); on prend pour moule,

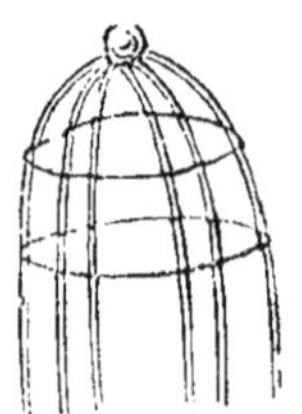

Fig. 12.

soit un bloc de bois, soit un seau renversé, soit un panier de grandeur convenable. On laisse supérieurement un anneau pour faciliter le transport. La figure 13 montre une de ces cloches terminée. Les

Fig. 13.

pieds doivent être longs, car la légèreté en est grande et les vents pourraient les emporter (voir fig. 12).

Les cloches en calicot peuvent être faites au prix de 25 centimes, façon comprise; recouvertes en papier, elles ne coûtent que 15 centimes et peuvent durer deux ans.

On peut employer un système encore moins coûteux, c'est celui pratiqué à Honfleur en France; on fixe simplement en terre au-dessus des plantes deux baguettes en osier comme l'indique la figure 14. On

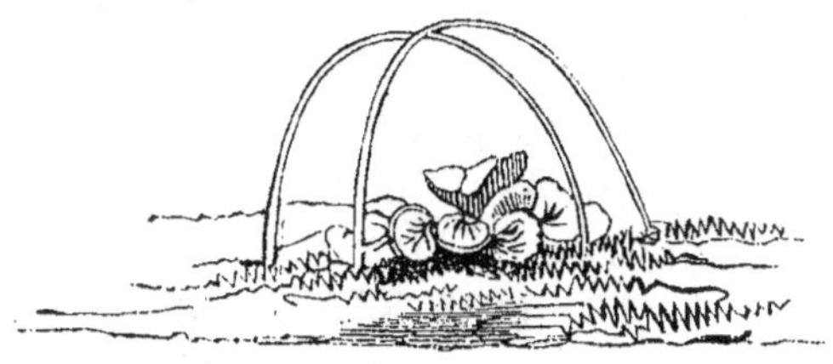

Fig. 14.

jette par dessus une feuille de papier huilé ou de calicot gommé qu'on assujettit avec des pierres (voir fig. 15).

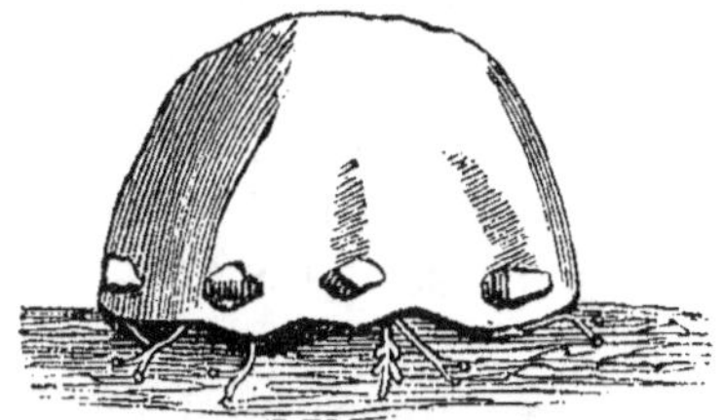

Fig. 15.

Lorsqu'on applique ce système d'abris à des planches entières, on arque les baguettes de manière à former une arcade continue comme on le voit à la figure 16.

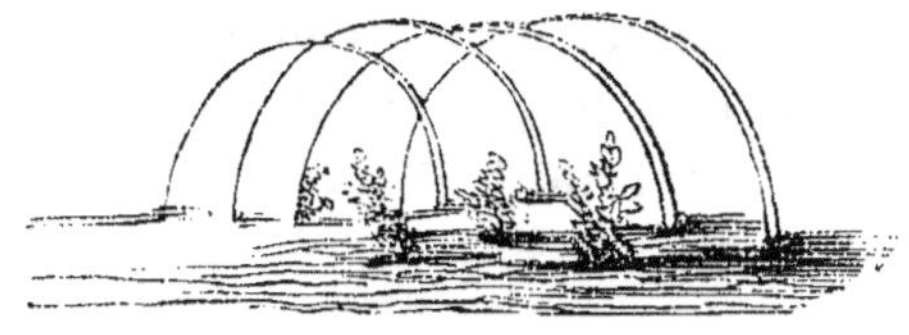

Fig. 16.

2° *Abris contre l'action du soleil.*

On se sert généralement de paillassons pour abriter les plantes tendres de l'action d'un soleil trop violent. Les paillassons ne doivent être ni très-grands ni très-épais, afin d'être légers, portatifs, et afin de sécher promptement après la pluie. Leur longueur doit être de 2 mètres, leur largeur d'environ 1m,33.

Voici, d'après Moreau et Daverne, la manière de faire un paillasson de jardinier... Sur un sol bien uni et en terre, on fixe de champ deux planches longues de 2 mètres et larges de 10 centimètres, parallèlement à 1 mètre 33 centimètres l'une de l'autre; ces deux planches se nomment le *métier à paillasson,* et servent à en fixer la largeur. On divise l'intervalle qu'il y a entre ces deux planches en quatre parties égales, par trois lignes placées à 33 centimètres l'une de l'autre et aussi longues que les planches, et aux deux bouts de chaque ligne on enfonce solidement un petit piquet en bois de la grosseur du doigt, et qui offre une saillie de 4 centimètres au-dessus du sol : les six piquets déterminent la longueur qu'aura le paillasson, comme les planches latérales en déterminent la largeur; ensuite on prend de la ficelle dite à paillasson, on la tend fortement d'un piquet à l'autre dans le sens longitudinal en la fixant aux piquets par une patte ou boucle. On a ainsi trois lignes de ficelles longues chacune de 2 mètres; mais on n'a pas dû couper la ficelle à la boucle des piquets du bas du métier ou du côté où l'on doit commencer le paillasson, parce que l'expérience a appris qu'il faut juste le double de ficelle pour coudre le paillasson de ce qui est tendu en dessous : ainsi, après la boucle faite, il faudra mesurer deux fois la longueur de la ficelle tendue, et ménager cette double longueur, ou 4 mètres avant de couper la ficelle; cela apprend de suite, en outre, qu'il faut 18 mètres de ficelle pour faire un paillasson de 2 mètres de longueur.

Les bouts de ficelle ménagés s'embobinent chacun sur un petit morceau de bois en fuseau long de 12 centimètres, et dont nous allons voir l'usage.

Les ficelles ainsi tendues, on prend de la paille de seigle bien épurée, bien *égluiée;* on en pose un lit sur les ficelles, épais de 1 mètre 50 centimètres, en appuyant le pied de la paille contre la planche qui est de ce côté; on en pose autant de l'autre côté, de manière à ce qu'elle se trouve tête bêche sur la première; on égalise toute l'épaisseur autant que possible; ensuite on procède à la *couture.* Un ou deux hommes peuvent coudre en même temps un paillasson; on se met à genoux au bas du métier où sont les bobines; de la main gauche on prend une pincée de paille de la grosseur du doigt, et on soulève en même temps la ficelle qui est dessous; de suite, avec la main droite, on passe la bobine à droite sous la ficelle tendue, et on la retire à gauche en l'engageant ou en la faisant passer entre la pincée de paille et la ficelle de dessus pour former une maille ou un nœud coulant; on reprend une autre pincée de paille, on refait un autre nœud, et tout cela en moins de temps qu'il n'en faut pour le dire. Enfin, tout compris, un paillasson de 2 mètres de longueur sur 1 mètre 40 centimètres de hauteur, revient à 50 centimes. (Voir fig. 17, 18, 19.)

Fig. 17.

Fig. 18.

Fig. 19.

3° *Abris contre le froid.*

Les abris contre le froid sont les châssis et les paillassons dont nous avons déjà parlé.

4° *Abris contre les vents.*

Pour abriter les cultures maraîchères des vents froids ou violents on se sert :

1° De murs placés au levant, au nord et au couchant. Ces murs construits en briques ou en moellons doivent avoir de 2 mètres à 2m,33 de hauteur, non compris le chaperon qui le surmonte, et 15 centimètres d'épaisseur.

2° De brise-vent, qui sont de fort paillassons qui, au lieu d'être cousus en ficelle, sont tenus par trois rangs de lattes attachées avec de l'osier; ils servent à clore les marais qui n'ont ni mur ni haie, et à faire des abris pour certains semis. On les plante debout soutenus par de forts piquets. Paille, lattes et piquets compris, deux mètres de brise-vent coûtent environ deux francs.

Souvent on courbe le paillasson comme l'indique la figure 20.

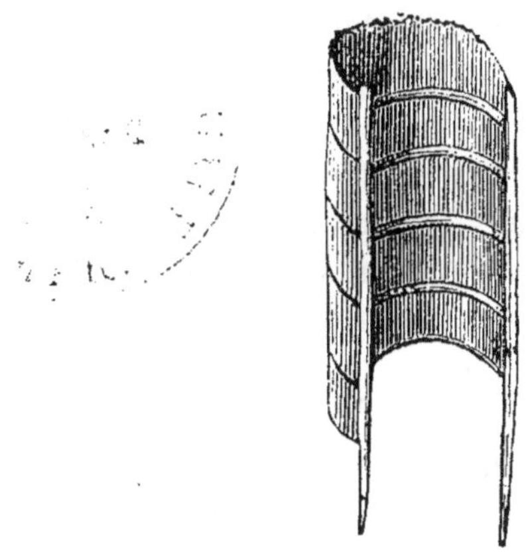

Fig. 20.

5° *Abris contre les corps aqueux.*

Les abris dont on peut se servir le plus efficacement contre la pluie, la grêle, le givre, sont les paillassons. On peut également construire un large rebord en planches à la partie supérieure des murs; ces planches, en empêchant le rayonnement du sol, protégeront de la rosée, et par conséquent de la gelée blanche, tout ce qu'on plantera en dessous.

CHAPITRE VIII.

DU SOL ET DU SOUS-SOL.

On appelle *sol* la couche de terre superficielle dans laquelle se trouvent plongées les racines des végétaux, et *sous-sol,* la couche qui existe sous celle-ci.

Le sol fournit à la plante un point d'appui fixe, c'est le grand magasin de ses aliments. Le sol, s'il ne contenait pas d'engrais, n'agirait sur la végétation que d'une façon mécanique en livrant plus ou moins facilement passage aux racines et en leur prêtant un appui.

Tout sol doit son origine à des couches de sous-sol (constituant ce qu'on appelle des roches), lesquelles se sont désagrégées sous diverses influences. Les sols varient en nature selon la composition des roches dont ils sont provenus.

L'épaisseur et la consistance du sol varient infiniment selon les localités.

Le meilleur sol pour la culture maraîchère est celui qui renferme des parties égales de chaux, de sable et d'argile (alumine pure); ce sol doit en outre être riche en matières organiques en voie de décomposition et formant ce qu'on appelle le terreau ou l'humus. C'est cette dernière partie qui forme le principal aliment de la plante.

Tout sol, quelque mauvais qu'il puisse paraître à première vue, est susceptible de culture au moyen d'amendements; c'est-à-dire en introduisant dans la terre les parties qui pourraient lui manquer. Si le sol manque de sable, on amende avec du sable; s'il manque d'argile, on amende avec cette substance; s'il manque de chaux, on le chaule ou on le marne (1).

Tous les jardins maraichers d'une certaine étendue que nous avons pu examiner en Belgique sont situés dans l'une ou l'autre des deux catégories de sol; les uns sont placés sur ce qu'on appelle *le limon de Hesbaye*, les autres sur les terres d'alluvion dans les vallées de nos diverses rivières.

Le limon de Hesbaye est une couche d'argile sableuse de couleur brune et d'une épaisseur variable, qui s'étend sur toute la Hesbaye, sur une partie du Brabant, du Hainaut et des Flandres. Cette argile limoneuse est douce au toucher, elle se délaye dans l'eau, elle est fertile et facile à amender. Ce sol contient beaucoup d'alumine, environ un tiers de sable (silice), et généralement peu de chaux.

Les terrains d'alluvion que déposent la Senne, l'Escaut, la Dyle, la Lys et la Sambre dans leurs vallées respectives sont tous d'une nature plus ou moins analogue; ils forment des *loams* ou limons plus ou moins calcaires, à demi tenaces et de couleur forcée qui sont très-riches en principes nutritifs pour la végétation et partant très-fertiles. Dans ces alluvions, l'argile domine; le sable et le calcaire s'y trouvent en quantités variables, tantôt l'un, tantôt l'autre dominant; l'humus qu'ils renferment naturellement varie de 5 à 10 pour cent et même au delà.

(1) La marne est en grande partie formée par de la chaux combinée à de l'alumine.

Les jardins maraîchers cultivés dans ces derniers terrains sont infiniment plus productifs que ceux qu'on rencontre dans le limon de Hesbaye.

Le sous-sol sur lequel reposent les deux genres de sol dont nous venons de parler, est très-variable; dans la vallée de la Meuse (Liége et Namur) il est formé de débris de roches quarzeuses et schisteuses en fragments plus ou moins gros ou de ces roches en place, et formant alors dans quelques cas un sous-sol peu perméable; dans la vallée de la Senne, le sol repose presque uniformément sur des bancs de sable plus ou moins épais; c'est du moins ce qui s'observe aux environs de Bruxelles; dans quelques localités cependant le sous-sol est formé de glaises (argiles sablo-calcaires), de tourbières ou de grès. Dans la Flandre le sol est beaucoup plus sableux que dans le Brabant et repose, soit sur du sable de nature différente, soit sur des marnes bleuâtres, soit enfin sur une épaisse couche de tourbe. Les jardins placés sur des marnes, des glaises ou des tourbes sont généralement fort humides et impropres à la culture d'un certain nombre de plantes potagères qui demandent des conditions d'existence inverses; dans de tels marais on doit établir un bon système de drainage ou d'égouttement (1).

Quant au choix qu'on doit faire d'un terrain pour y établir un jardin maraîcher, il est difficile d'en dire quelque chose de général; voici cependant quelques conditions qu'il est bon de connaître.

Le sol doit être de couleur foncée, sa texture doit être plutôt meuble que tenace, sa position doit être basse et abritée, sa situation doit être vers le midi ou

(1) Consulter à cet égard le *Traité de drainage* de la *Bibliothèque rurale*, publiée par le gouvernement belge, etc.

vers le levant, jamais vers le nord ou le couchant, elle doit pouvoir absorber une grande quantité d'eau sans la retenir fortement ni longtemps, et sans cependant lui permettre de s'infiltrer trop rapidement.

Il est bon de remarquer qu'un sol qui ne remplit pas toutes ces conditions peut toujours être amélioré : 1° par des *amendements* qui changent sa nature minéralogique ; 2° par le *drainage*, qui modifie son degré d'humidité ; 3° par *l'engrais*, qui change sa nature chimique ; enfin 4° par des *opérations* mécaniques diverses qui amènent des changements dans sa texture (1).

Comme nous venons de le dire plus haut, la couche superficielle du sol arable n'étant qu'un mélange de roches plus dures désagrégées, mêlées à des matières organiques en voie de décomposition, cette couche superficielle doit naturellement varier de nature minéralogique suivant la composition de ces roches. Il importe donc que nous nous étendions un peu sur la nature du sol et du sous-sol, c'est-à-dire sur la géologie dans ses rapports avec l'horticulture.

Le globe que nous habitons est formé à l'extérieur d'une succession de couches solides de différentes natures placées les unes au-dessus des autres à la façon des feuillets d'un livre ou des écailles qui forment l'enveloppe d'un bulbe d'oignon.

Ces couches sont de formation très-variée ; tantôt

(1) A ceux qui voudraient acquérir des renseignements complets sur ces matières, nous ne pouvons mieux faire que de recommander la lecture des travaux de Johnston, Gasparin, Boussingault, Schwertz, Davy, Fourcroy, Bergman, Ure, Kirwan, d'Omalius, Dumont, Van Aelbroek, Leclercq, Hundeshagen, Moll, Young, Thaër, et beaucoup d'autres savants géologues, chimistes et agriculteurs, parmi lesquels se trouvent des théoriciens, des praticiens et des hommes réunissant les deux qualifications à la fois.

ce sont des bancs de pierre calcaire, tantôt des lits de sable, de marne ou de glaise; quelquefois ce sont des ardoises ou d'autres pierres de diverses ténacités. — Ces couches ne sont pas posées les unes sur les autres d'une manière irrégulière et due au hasard; mais elles ont été placées à la surface entière de notre globe d'une manière déterminée et de façon à former une série successive de bancs superposés que les géologues ont classés de différentes manières en se fondant sur l'étude des phénomènes anciens qui ont amené la formation ou le dépôt de ces couches.

A la suite de grands bouleversements, ces couches qui étaient primitivement horizontales ont changé de position : tantôt elles ont été soulevées par des forces souterraines, d'autres fois des courants d'eau de grande violence ont érodé leur surface, de sorte que la couche qui repose aujourd'hui à la surface n'est pas toujours celle qui s'y trouvait primitivement, et que presque partout des couches plus ou moins basses dans la série se trouvent exposées à nu et forment actuellement le support du terrain fertile produit par leur désagrégation. De là la diversité des sols et des sous-sols dans des localités même très-voisines.

Les géologues divisent les différents terrains en *terrains modernes*, qui se forment encore aujourd'hui ou dont l'origine n'est pas fort ancienne, tels que les alluvions déposées par les rivières, les tourbières, etc.; en *terrains tertiaires* dont l'origine beaucoup moins récente s'est terminée avant l'époque de la première formation des terrains modernes; en *terrains secondaires;* et enfin en *terrains primaires,* lesquels sont les plus anciens et les plus inférieurs de toute la série.

Nous passerons en revue chacune de ces catégories de terrains en les considérant sous le point de vue de la Belgique, et en suivant la classification de M. le professeur Dumont, dont la carte géologique du pays a été accueillie avec empressement par tous les savants et tous les cultivateurs éclairés.

1° *Des terrains modernes ou quaternaires.*

Il se composent, dans notre patrie, de plusieurs couches d'épaisseur, de structure et de composition différentes : on les place de la manière suivante en posant au-dessus, comme cela a lieu dans la nature, les parties les plus récentes ou les plus supérieures.

Terrains modernes.	Système moderne.	Dunes.
		Alluvions marines et fluviatiles.
	Système ancien ou diluvien.	Sable de Campine.
		Limon de Hesbaye.

Ces terrains, dont tantôt l'un tantôt l'autre se montre à la surface du sol, couvrent une grande étendue de notre pays; on les trouve dans la contrée située entre la Sambre, la Meuse et la Vesdre.

Il nous est impossible d'entrer ici dans de longs détails géologiques sur les diverses couches qui forment le sol et le sous-sol de la Belgique : un volume entier suffirait à peine pour y consigner tout ce que nous aurions à dire; aussi nous contenterons-nous d'indiquer d'une manière élémentaire les généralités les plus utiles au cultivateur.

Le *limon de Hesbaye* forme, dans notre pays, une zone assez étendue qui s'étend au nord de la Sambre et de la Meuse, jusque vers Ypres, Courtrai, Audenarde, Alost, Vilvorde et Maestricht. — Ce limon brun argileux est connu de tout le monde.

Le *sable de Campine* s'étend en forme de nappe sur le milieu des Flandres et sur cette partie des provinces d'Anvers et de Limbourg connue sous le nom de Campine. Ce sont des sables légers, stériles et presque purs.

Les *alluvions* s'étendent le long de nos côtes, de Furnes à l'Ecluse et à la rive gauche de l'Escaut, de l'Ecluse à Anvers, constituant ce qui s'appelle les Polders. — Les vallées de toutes nos rivières sujettes aux débordements sont également en grande partie tapissées d'un lit de terrain alluvien. — Ce sol est le plus riche que possède la Belgique.

Les dunes forment tout le long de la mer du Nord, sur nos côtes, une série d'élévations arrondies dont le sable est très-mouvant et peu propre à la culture.

Comme caractères pouvant servir à découvrir les qualités horticoles d'un terrain, on doit ranger :

1° Sa couleur;

2° Sa texture;

3° Son exposition;

4° Sa station;

5° Sa base (ou les couches plus inférieures sur lesquelles il repose, ou la géologie proprement dite);

6° Les plantes qui y croissent spontanément;

7° Sa composition chimique qui sort des domaines du présent ouvrage.

Passons en revue chacun de ces caractères.

1° COULEUR.

La plupart des terres fertiles sont de couleur obscure, d'un brun foncé ou même noirâtre, apparence qui est souvent due à la quantité de matières décomposées organiques qui s'y trouve.

Il est très-rare de rencontrer (sauf dans les tourbières) un terrain de couleur foncée qui ne soit de bonne qualité.

Tout terrain dont la couleur est d'un brun très-pâle, roux, rouge-pâle, jaune, blanc ou blanchâtre, les marécages et les tourbières noirs ou d'un brun foncé; les sables argentés, noirs, roses, jaunes ou rouges, et les argiles pures, blanchâtres, bleuâtres ou jaunâtres sont en général fort peu fertiles et d'un mauvais rapport.

2° TEXTURE.

Une multitude de textures se font remarquer dans les terrains fertiles, mais on peut prendre comme limites extrêmes un sable qui n'est adhérent que lorsqu'il est humecté, et un limon qui forme pâte étant humide, et une brique en séchant. La bonne terre doit renfermer du sable, du limon (argile) et de la chaux, mais dans des proportions voulues où aucun des trois éléments ne prédomine trop sur les autres.

Quand on la laboure (pendant un temps ni fort humide ni fort sec) la lame de terre retournée par la charrue doit présenter à de courts intervalles des fendillements transversaux et l'empreinte de celui qui y poserait le pied devrait présenter un bord irrégulier et friable.

Au contraire si la lame de terre retournée se continue longtemps en une bande longitudinale sans se briser et fendiller à de courts intervalles, et si le pas de celui qui y marche y laisse une empreinte à bords nettement dessinés et à fond aplati, lisse et dur, le terrain a trop de consistance pour être fertile.

Si la terre est bonne, elle doit présenter sous la tranche de la charrue une surface luisante interrompue par de nombreuses crevasses qui nous indiquent que sa texture est moyenne entre celle du sable et celle du limon; propre à l'infiltration graduelle mais générale des eaux pluviales, ainsi que nécessaire au passage des racines délicates des plantes qui y croîtront.

On ne doit jamais perdre de vue qu'une terre, quelque stérile qu'elle soit, peut devenir fertile à force de soins assidus et par l'emploi d'engrais multipliés ou d'amendements bien appliqués.

3° POSITION.

Tout champ qui a une pente vers le midi, le sud-est, le sud-ouest ou l'ouest est situé d'une manière favorable. Tout champ penché vers le nord, le nord-est ou le nord-ouest est mal placé.

Toute pente formant avec l'horizon un angle de plus de 15 degrés, quelle que soit d'ailleurs sa direction, devient aride, la couche de terre végétale étant mince et peu productive.

4° STATION.

Toute terre fort élevée au-dessus du niveau de la mer est exposée à des vents froids et par conséquent stérile.

Les terrains extrêmement bas tombent dans la catégorie des sols trop humides et marécageux, mais peuvent souvent être améliorés par un bon système de drainage.

5° LE SOUS-SOL.

Si celui-ci est de nature à empêcher l'infiltration des eaux pluviales, le terrain cultivable sera humide et froid; s'il renferme des matières d'une nature préjudiciable à la croissance des végétaux, comme des couches de fer hydraté, etc., etc., le champ semé au-dessus ne vaudra rien. Dans les considérations du sous-sol entre l'étude du plus ou moins de fertilité des divers terrains tertiaires, secondaires et primaires (voir plus loin) qui se font jour de divers côtés sous les modernes, et qui, mélangés aux engrais du cultivateur, forment la base des terres arables qui doivent naturellement varier de qualité d'après le plus ou moins de fertilité des roches qui entrent dans leur composition.

6° LES PLANTES CROISSANT SPONTANÉMENT.

Elles se divisent en trois catégories qui sont utiles à connaître.

A. *Les espèces suivantes, croissant spontanément et en profusion, sont ordinairement des indices de terrains sablonneux ou rocailleux trop secs et arides ou trop élevés.*

1. Aigremoine eupatoire (*Agrimonia eupatoria*);
2. Campanule agglomérée (*Campanula glomerata*);
3. Centaurée chausse-trape (*Centaurea calcitrapa*);
4. Grande marguerite (*Chrysanthemum leucanthemum*);
5. Chrysanthème des blés (*Chrysanthemum segetum*);
6. Digitale pourprée (*Digitalis purpurea*);
7. Bruyère ordinaire (*Calluna vulgaris*);
8. Euphraise officinale (*Euphrasia officinalis*).
9. Aspérule des teinturiers (*Asperula tinctoria*).
10. Gaillet jaune (*Galium verum*).
11. Gnaphale d'Allemagne (*Gnaphalium germanicum*).
12. Gnaphale dioïque (*Gnaphalium dioïcum*).

13. Gnaphale des sables (*Gnaphalium arenarium*).
14. Porcelle tachée (*Hypocharis maculata*).
15. Jasione de montagne (*Jasione montana*).
16. Bugrane des champs (*Ononis spinosa*).
17. Bugrane des anciens (*Ononis antiquorum*).
18. Genêt d'Allemagne (*Genista germanica*).
19. Genêt d'Angleterre (*Genista anglica*).
20. Onoporde vulgaire (*Onopordon vulgaris*).
21. Potentille fraisier (*Potentilla fragaria*).
22. Patience petite oseille (*Rumex acetosella*).
23. Genêt à balai (*Spartium scoparium*).
24. Thym serpolet (*Thymus serpyllum*).
25. Ajonc nain (*Ulex nanus*).
26. Molène noire (*Verbascum nigrum*).
27. Agroste vulgaire (*Agrostis vulgaris*).
28. Agroste blanc (*Agrostis alba*).
29. Foin en gazon (*Aira cæspitosa*).
30. Foin flexueux (*Aira flexuosa*).
31. Foin caryophyllé (*Aira caryophyllea*).
32. Brome stérile (*Bromus sterilis*).
33. Glycérie rigide (*Glyceria rigida*).
34. Fétuque des brebis (*Festuca ovina*).
35. Fétuque duriuscule (*Festuca duriuscula*).
36. Fétuque rougeâtre (*Festuca rubra*).
37. Fétuque queue de rat (*Festuca myurus*).
38. Orge queue de souris (*Hordeum murinum*).
39. Houlque molle (*Holcus mollis*).
40. Sainfoin (*Onobrychis sativa*).
41. Nard serré (*Nardus stricta*).
42. Paturin des Alpes (*Poa alpina*).
43. Paturin comprimé (*Poa compressa*).
44. Spargoute à cinq étamines (*Spergula pentandra*).
45. Œillet des chartreux (*Dianthus carthusianorum*).
46. Œillet de France (*Dianthus Gallicus*).

47. Siléné otitès (*Silene otites*).
48. Céraiste visqueux (*Cerastium viscosum*).

B. *Les espèces suivantes croissent en général spontanément en profusion sur des terrains trop humides ou trop tenaces et argilleux.*

1. Caret (*Carex*). La plupart des espèces.
2. Vulpin géniculé (*Alopecurus geniculatus*).
3. Circe des marais (*Circium palustre*).
4. Jonc (*Juncus*). La plupart des espèces.
5. Potentille argentine (*Potentilla anserina*).
6. Tussilage pas-d'âne (*Tussilago farfara*).
7. Agroste des chiens (*Agrostis canina*).
8. Houlque laineuse (*Holcus lanatus*).
9. Porcelle glabre (*Hypochœris glabra*).
10. Comaret des marais (*Comarum palustre*).
11. Saule (*Salix*).
12. Aulne (*Alnus*).
13. Peuplier (*Populus*).

(11–13) La plupart des espèces ne croissent bien que dans des terrains très-humides.

14. Céraiste aquatique (*Cerastium aquaticum*).
15. Linaigrette à plusieurs épis (*Eriophorum polystachion*).

C. *Les espèces suivantes croissent ordinairement spontanément sur des terrains propres à la culture, la plupart des herbes pouvant entrer dans les pâturages naturels ou artificiels.*

1. Camomille puante (*Anthemis cotula*).
2. Arrache étalée (*Atriplex patula*).
3. Chardon Marie (*Cardnus marianus*).
4. Cerfeuil sauvage (*Chærophyllum sylvestre*).
5. Ansérine bon Henri (*Chenopodium bonus Hendricus*).

6. Gaillet gratteron (*Galium aparine*).
7. Pissenlit (*Leontodon taraxacum*).
8. Renouée à feuille de patience (*Polygonum lapathifolium*).
9. Laiteron des champs (*Sonchus arvensis*).
10. Laiteron des lieux cultivés (*Sonchus oleraceus*).
11. Laiteron des marais (*Sonchus palustris*).
12. Vulpin des prés (*Alopecurus pratensis*).
13. Flouve odorante (*Anthoxanthum odoratum*).
14. Avoine des prés (*Avena pratensis*).
15. Avoine jaunâtre (*Avena flavescens*).
16. Cynosure crêté (*Cynosurus cristatus*).
17. Dactyle pelotonné (*Dactylis glomerata*).
18. Fétuque des prés (*Festuca pratensis*).
19. Houlque avoine (*Holcus avenaceus*).
20. Ivraie vivace (*Lolium perenne*).
21. Fléau des prés (*Phleum pratense.* var. *Major*).
22. Paturin annuel (*Poa annua*). Dans les prés presque partout.
23. Paturin rude (*Poa trivialis*).
24. Paturin des prés (*Poa pratensis*).
25. Trèfle des prés (*Trifolium pratense*).
26. Trèfle blanc (*Trifolium repens*).
27. Vesce des haies (*Vicia sepium*).
28. Ortie dioïque (*Urtica dioïca*).

II° *Des terrains tertiaires.*

Ils sont compris en Belgique entre une ligne passant par Lille, Tournay, Ath, Hal, Perwez, Lincent, Waremme, Tongres, et ne sont séparés de la mer du Nord que par une lisière de terrains modernes.

Les terrains tertiaires se distribuent en Belgique de la manière suivante :

Série	Étage	Système
1re série. Pliocène		Système scaldisien. Sable coquillier (sous le limon de Hesbaye).
		Système diestien (sable glauconifère).
2e série. Miocène.		Système bolderien (sable jaunâtre).
3e série. Éocène.	Supérieur.	Système rupelien (argile de Boom, sable jaunâtre).
		Système tongrien (argile verte de Henis, sable verdâtre de Lethen).
		Système laekenien (sable sans fossiles et sable fossilifère).
	Moyen.	Système bruxellien (sable quartzeux, sable calcareux, sable glauconifère).
		Système paniselien (argilo-sableux).
		Système ypresien (sable, argile).
	Inférieur.	Système landenien (sable, grès, glaise, etc).

Comme on le voit par ce tableau, ces terrains tertiaires sont en majeure partie formés de sable, d'argile ou de glaise. Le sable est ou presque pur ou ferrugineux ou calcareux.

Les sables glauconifères ou ferrugineux et les glaises sont peu propres à la culture maraîchère; les autres natures de sol sont plus fertiles, surtout lorsqu'elles sont mélangées au limon de Hesbaye qui se trouve dans leur voisinage.

Les terrains tertiaires sont d'un mauvais rapport :

1° Dans les endroits où le sable existe seul sans argile;

2° Dans les lieux où le sable est remplacé par du gravier;

3° Sur les pentes de collines trop rapides;

4° Partout où le sol est trop imprégné de fer;

5° Là où des cailloux roulés forment des nappes qui ont une épaisseur considérable;

6° Dans les endroits bas où l'argile et les sables se recouvrent de dépôts tourbeux ou tufacés.

Les parties calcareuses de la série tertiaire sont généralement d'assez bonne qualité.

III° *Des terrains secondaires.*

Les terrains secondaires se divisent en terrains triasique, jurassique et crétacé, ce dernier se trouvant en dessous du système Landenien tertiaire.

Le terrain crétacé est formé de sables et grès ferrugineux ou glauconifères, d'argiles et de marnes, de calcaires terreux blancs ou glauconifères et de calcaire grossier.

En Belgique, le terrain crétacé se trouve situé vers la partie moyenne et au nord des terrains primaires et forme plusieurs lambeaux :

1° Celui du Hainaut, qui se détache de celui de France à Tournay, et s'étend vers Binche en recouvrant les terrains houiller et anthraxifère; il y forme le *mort-terrain* des houilleurs. Ses limites sont, Tournay, Perwez, Saint-Denis, Houdeng, Carrière, Binche, Givry, Engis, Montigny-sur-Roc et Otret.

2° Quelques lambeaux dans le Condroz, entre Ensureur, Rogny, Marbaix, etc.

3° Le massif de Liége et de Maestricht, qui s'étend dans les provinces de Liége et de Limbourg.

4° Un petit lambeau situé entre le massif du Hainaut et celui de Liége.

Le terrain crétacé se divise en Belgique en systèmes de la manière suivante :

Système heersien (marne).
Système aachenien (argile et lignite, sable et grès).
Système hervien (terre à foulon, sable glauconifère).
Système nervien (marne grise, marne glauconifère).
Système senonien (craie blanche, craie glauconifère).
Système maestrichtien (calcaire grossier de Maestricht, glauconie grossière).

Les portions marneuses, sableuses et argileuses de ces divers systèmes sont généralement assez bonnes et supportent un sol végétal d'une certaine épaisseur.

Les portions crayeuses sont ordinairement recouvertes d'un sol rouge jaunâtre assez pâle sur les parties hautes qui sont les plus mauvaises, et d'une couleur chocolat clair dans les bas-fonds. La craie et le calcaire grossier sont d'excellents amendements pour les terres où manque de la chaux.

Le terrain jurassique ainsi que le terrain triasique n'existent que dans le Luxembourg ou au sud de l'Ardenne.

Le terrain jurassique forme deux systèmes, ce sont :

Le système bathonien (calcaire de Longwy).

Système liasique. { Marne de Grandcour; sable, schiste et macigno d'Aubange; marne de Strassen, sable et grès de Luxembourg, marne de Jamoigne, sable de Martinsart.

Comme le dit avec justesse M. Dumont, le sol jurassique présente, suivant sa nature et sa texture, des différences remarquables. Les pentes argileuses et marneuses sont couvertes de prairies. Les terres calcaires sont très-fertiles et produisent beaucoup de céréales, tandis que les terrains sablonneux sont couverts de forêts ou présentent, lorsqu'ils sont très-mouvants, une aridité comparable à celle de la Campine. Ce sol peut souvent être amélioré par le mélange des parties sablonneuses, argileuses et calcaires, qui se trouvent à peu de distance l'une de l'autre.

Le terrain triasique se divise en deux systèmes :

Le système keuprique (argile bigarrée).
Le système pœcilien (poudingue et grès bigarré).

Ce terrain s'étend en une bande étroite depuis Chiny, le long de la ligne ardoisière de l'Ardenne par

Osperen et Diekirch au delà de l'Alzette et de la Sure, et se découvre de nouveau en un petit bassin allongé entre Stavelot et Malmedy. — Le terrain triasique ne manque pas de certaines qualités et produit avec des soins des récoltes assez bonnes.

IV° *Des terrains primaires.*

Les terrains primaires de la Belgique, d'une dureté considérable, sont généralement des schistes ou ardoises, des grès ou quartziques, des calcaires cohérents de diverses natures. Ils s'étendent dans les provinces de Luxembourg, du Hainaut, de Namur et de Liége, depuis Florenville et Attert jusque vers la Sambre, la Meuse et la Vesdre. Ils comprennent les terrains anthraxifère (qui se trouve sous les terrains secondaires), rhénan et ardennais.

Le terrain anthraxifère se subdivise en systèmes comme suit :

Système supérieur ou houiller.	(Psammite, schiste, houille, etc.)
Système moyen ou condrusien.	Etage calcareux (calcaire et dolomie). Etage quartzo-schisteux (psammite et schiste grisâtre).
Système inférieur ou eifelien.	Etage calcareux (calcaire et dolomie). Etage quartzo-schisteux (schiste gris, poudingues, psammites et schistes rouges).

Le système houiller est naturellement stérile, la terre végétale y étant mince, souvent humide et trop ou trop peu tenace; quelquefois elle manque presque entièrement, dans d'autres cas ce système forme des montagnes trop élevées ou dont les pentes sont trop rapides. Ceci s'observe notamment dans le bassin houiller de Liége où les roches de ce système sont exposées à nu. — Le terrain houiller du bassin du

Hainaut est recouvert de terrains secondaires et tertiaires, et ceux-ci seuls sont cultivés.

Les systèmes condrusien et eifelien renferment chacun un étage calcaire dont la végétation est brillante. Les portions formées de psammites (ardoise sableuse) sont beaucoup moins fertiles. Les parties schisteuses, lorsque les schistes se sont décomposés de manière à former une argile, sont cultivables; dans les lieux où ces schistes ont retenu leur ténacité ils sont complétement improductifs. C'est surtout de la chaux qui manque à ces sols psammitiques et schisteux.

Les deux systèmes dont nous nous occupons forment en Belgique deux massifs considérables reposant sur le terrain rhénan : l'un s'étend de la France à la Prusse, l'autre de l'Escaut à la Roer.

Le terrain rhénan se divise en trois systèmes :

1° Système ahrien (grès, psammite et schiste gris bleuâtre).
2° Système coblentzien (grès et ardoises fines gris bleuâtre).
3° Système gedinnien (poudingue, grès et ardoises fines, rouges, verts ou aimantifères).

Le terrain ardennais comprend également trois systèmes :

1° Système salmien (quartzophillades (1), phyllades, etc.).
2° Système revinien (quartzites et phyllades gris bleu).
3° Système clevillien (quartzites blancs ou verts, et phyllades rouges, verts ou aimantifères).

Le terrain rhénan forme en Belgique trois massifs, celui de l'Ardenne, celui du Brabant, celui du Condroz; le terrain ardennais forme quatre massifs, celui de Rocroy, celui de Givonne, celui de Stavelot et celui de Serrepont.

(1) Espèce d'ardoise renfermant des couches alternes de phyllade ou ardoise et de quartz.

Par leur ensemble, ces divers massifs constituent un plateau étendu et qu'on appelle l'Ardenne. L'Ardenne est limitée au sud par Muno, Sainte-Cécile, Chiny, Rossignol, Marbehau, Habay-la-Neuve et Attert; et au nord par Chimay, Couvin, Givet, Beauraing, Rochefort, Marche, Durbuy et Polleur.

Ce plateau est très-élevé (de 216 à 695 mètres au-dessus de la mer); le climat en est froid, les abris généralement peu nombreux, le sol végétal presque toujours peu épais. Certaines portions pourraient sans doute être livrées à la culture agricole; mais nous pensons qu'on perdrait son temps et son argent en cherchant à faire de la culture maraîchère perfectionnée dans les Ardennes proprement dites.

V° *Des terrains plutoniens.*

Les terrains plutoniens ne sont représentés en Belgique que par quelques masses porphyriques sans importance horticole. Les chlorophyres de Lessines et Quenast sont de ce nombre et sont connues depuis longtemps comme pierres à paver.

CHAPITRE IX.

DES INSTRUMENTS, MACHINES ET CONSTRUCTIONS EMPLOYÉS EN CULTURE MARAICHÈRE (1).

INSTRUMENTS (OUTILS, USTENSILES, ETC.)

1. *Arrosoirs.* (Voir notre chapitre sur les engrais.)

2. *Bêche.* La bêche est la charrue du jardinier. C'est une lame de fer en carré long, renforcée d'une arête en dessous, munie d'une douille par en haut, pour recevoir un manche en bois long d'environ un mètre, et acérée et tranchante par en bas. La bêche sert à labourer, retourner et diviser la terre jusqu'à la profondeur de 8 à 10 pouces (22 à 28 centimètres). Il y a des bêches de différentes grandeurs et qualités, proportionnées aux forces de celui ou de celle qui les emploie. (Voir fig. 21.)

Fig. 21.

Le modèle (voir fig. 21), dessiné sur une bêche faite avec soin par un bon taillandier de Paris, a $0^m,26$ de hauteur (d'A en B), sur $0^m,20$ en haut (d'A en C), et $0^m,15$ en bas (de B en D). La courbure de la lame

(1) Nous nous sommes permis de puiser des renseignements pour la rédaction de ce chapitre dans divers ouvrages bien connus. Pour plus de détail sur les instruments, voir la partie pratique du présent ouvrage.

facilite le travail. La courbure d'A en C est de $0^m,002$, celle d'A en B de $0^m,013$, et celle de B en D de $0^m,007$. Cette proportion convient pour une bêche destinée à un terrain léger. On en fabrique de très-grandes et très-fortes pour les travaux de terrasse et les défrichements. Les plus grandes qui se fassent pour les jardins ont $0^m,30$ de longueur sur $0^m,22$ de largeur en haut et 0,17 en bas. On donne au manche de $0^m,70$ à $0^m,75$ hors la douille E, selon la taille de celui qui doit en faire usage. — La figure H représente la bêche du Limbourg, les figures I et K des bêches flamandes dont voici les dimensions :

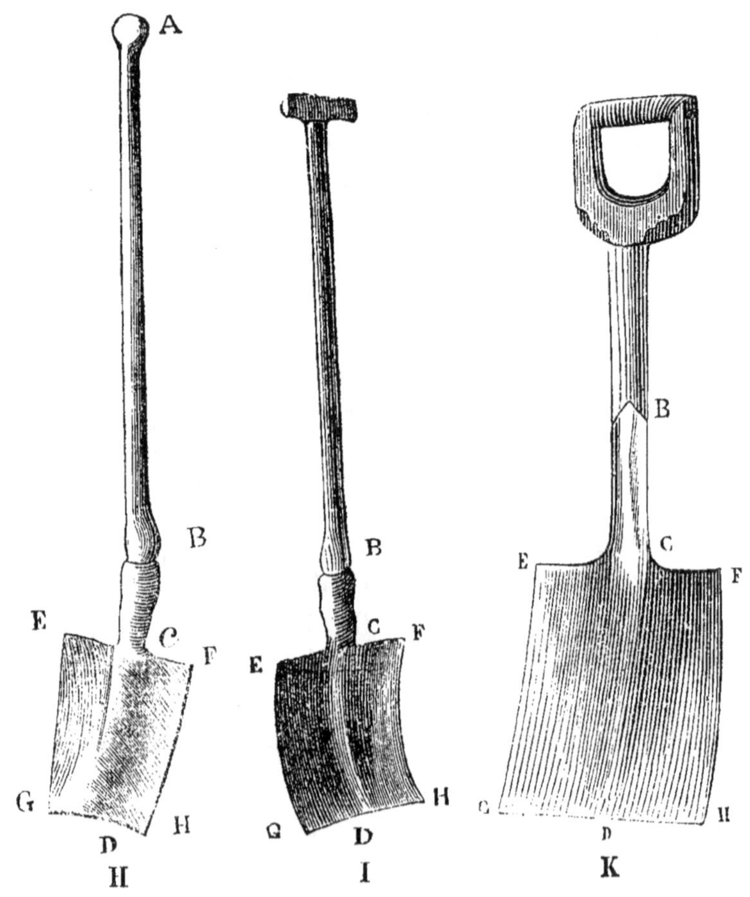

H I K

N° H. Bêche du Limbourg. — AB, 0m,91. — BC, 0m,10. — CD, 0m,24. — EF, 0m,17. — CH, 0m,16.

N° I. Bêche flamande moyenne. — AB 0m,69 c. — BC, 0m,10. — CD, 0m,27. — EF, 019 c. et 6 mill. — GH 19 c. 7 mill.

N° K. Bêche flamande. — AB, 0m,34 c. — BC, 0m,20. CD 0m,30. — EF, 0m,20. — GH, 0m,21 c.

3. *Binette.* C'est une petite lame acérée, munie d'une douille recourbée en quart ou en demi-cercle, dans laquelle est inséré un manche en bois long de 1 à 2 mètres. La binette sert à remuer la terre dans les plantations où l'herbe commence à croître, afin de la faire mourir. (Voir fig. 22 et 23, et A, B, C, D.) Voici les dimensions de ces dernières :

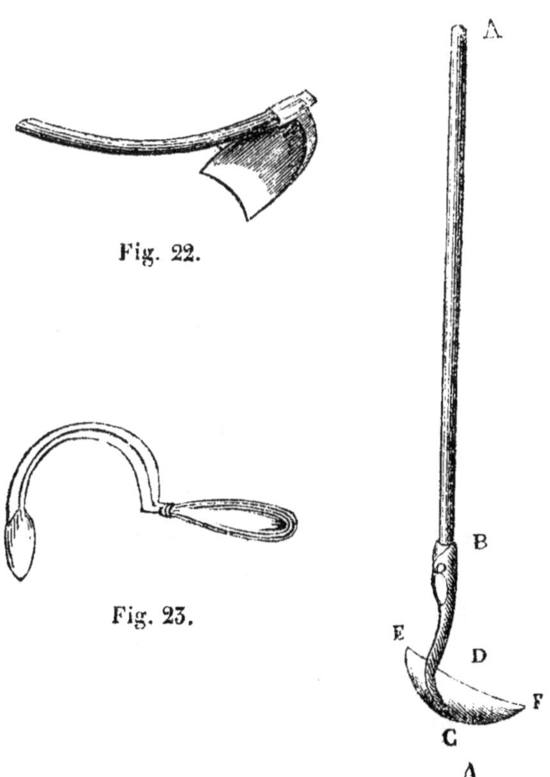

Fig. 22.

Fig. 23.

A

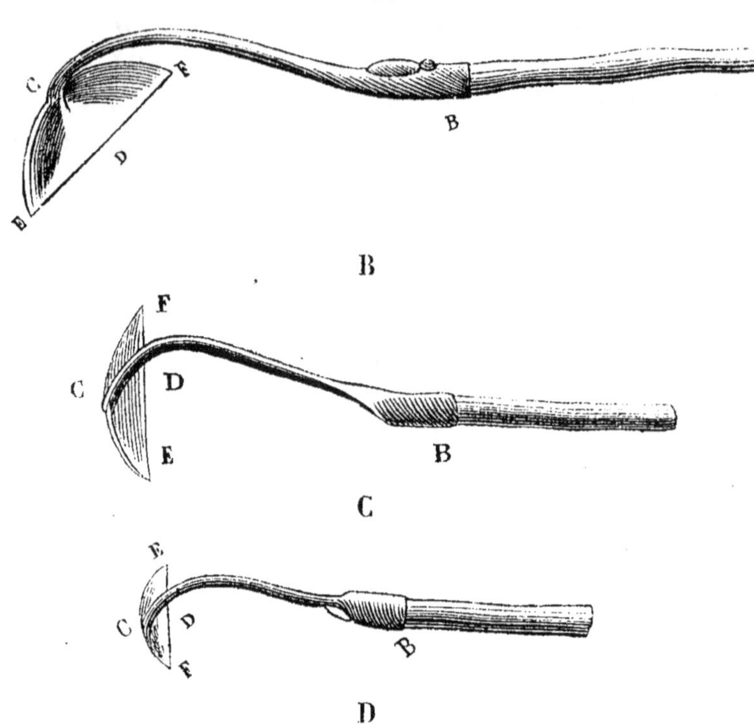

N° A. Binette. — AB, 1^{m},26. — BC, 0^{m},23. — CD, 53 mill. — EF, 0^{m},19 et 5 mill.

N° B. Binette à manche moyenne. — AB, 0^{m},18. — BC, 0^{m}20. — CD, 4 c. 4 mill. — EF, 0^{m},16.

N° C. Binette moyenne. — AB, 0^{m},15. — BC, 0^{m},18. — CD, 34 mill. — EF, 11 c. 5 mil.

N° D. Petite binette. — AB, 0^{m},12. — BC, 0^{m},15. — CD, 20 mill. — EF, 0^{m},06.

4. *Bordoir*. On appelle ainsi un bout de planche en bois, long d'environ 1 mètre et large de 20 centimètres, muni, dans son milieu, d'un côté, d'un petit manche rond en bois, long de 12 centimètres : cet outil sert à border le terreau des couches à cloches ou qui n'ont pas de coffre; pour s'en servir, on le

pose de champ sur le bord du fumier de la couche, on attire et on presse le terreau contre le bordoir, pour donner de la consistance et de la solidité au terreau. Quand le terreau fait bien la muraille, on glisse le bordoir un peu plus loin ; on fait la même opération jusqu'à ce que toute la couche soit bordée.

Avec cet outil, un seul homme peut border une couche : au moyen de son manche, il peut encore battre et affaisser le terreau de la couche quand elle en est garnie, pour qu'il soit moins creux et s'affaisse moins. Les maraîchers font quelquefois leur bordoir eux-mêmes ; s'ils le font faire, il coûte 1 fr. 50 c.

5. *Brise-vent.* (Voir notre chapitre sur l'abritologie.)

6. *Brouette à civière.* Cette brouette est formée d'une roue en bois et de deux longs mancherons joints par plusieurs barres transversales qui lui forment un fond à jour ; elle n'a rien sur les côtés, mais seulement une ridelle par devant ; elle sert à transporter ce qui a un gros volume et peu de poids, tel que fumier neuf. (Voir fig. 24.)

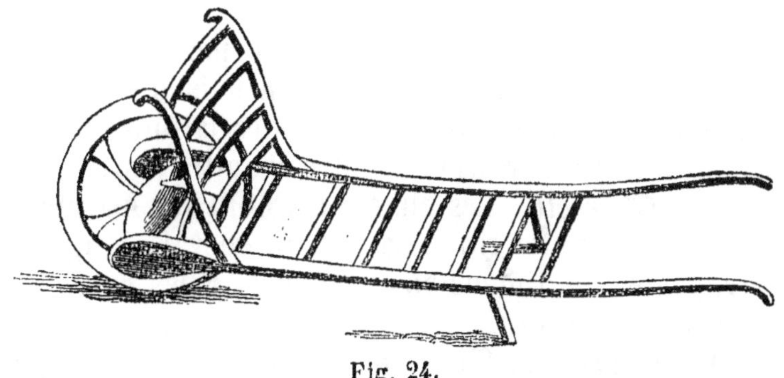

Fig. 24.

7. *Brouette à coffre.* Celle-ci est moins longue que l'autre. Le fond, le devant et les deux côtés sont en planches minces ; elle sert pour transporter du fumier

consommé, du terreau, de la terre, des immondices; il y en a de plus ou moins grandes.

Voici la proportion d'une brouette légère : d'A en B, 0m,57 ; d'A en C, 0m,57 en bas et 0m,60 en haut ; d'A en D, 0m,32 ; d'E en F, 0m,46 ; diamètre extérieur de la roue, 0m,51 ; longueur de G en E, 1m,50 ; écartement de G en H, 0m,60 à l'intérieur. Les planches des côtés sont mobiles et entrent dans les taquets.

On peut augmenter toutes les parties de 0m,03 à 0m,06 si on veut une brouette plus grande. (Voir fig. 25.)

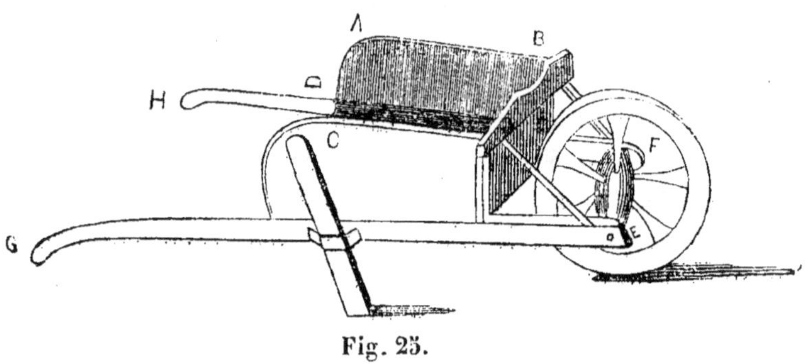

Fig. 25.

8. *Calais.* On appelle ainsi un petit mannequin creux, formé de petites lames en bois de bourgène dans lequel on met de l'oseille, des laitues, etc.

9. *Col ou tasseau.* (Voir notre chapitre Abritologie.)

10. *Charrette.* Les charrettes dont les maraîchers se servent en Belgique sont à un cheval, longues et étroites et de dimensions variables. Elles coûtent de 350 à 500 francs.

11. *Chargeoir.* C'est une espèce de trépied grossièrement fait, muni, en dessus, de deux bras, ou bâtons servant de dossier, et sur lequel on pose le hottriau pour le charger de fumier, terre ou terreau, etc.

12. *Châssis.* (Voir notre chapitre Abritologie.)

13. *Civière.* La civière se compose de deux bras

longs de 2 mètres 66 centimètres, assemblés par 4 barrettes longues de 70 à 80 centimètres, placées au centre, à 16 centimètres l'une de l'autre. Dans les marais, la civière sert particulièrement à transporter les châssis du hangar sur les coffres et des coffres sous le hangar. Deux hommes peuvent porter cinq ou six châssis sur une civière. (Voir fig. 26.)

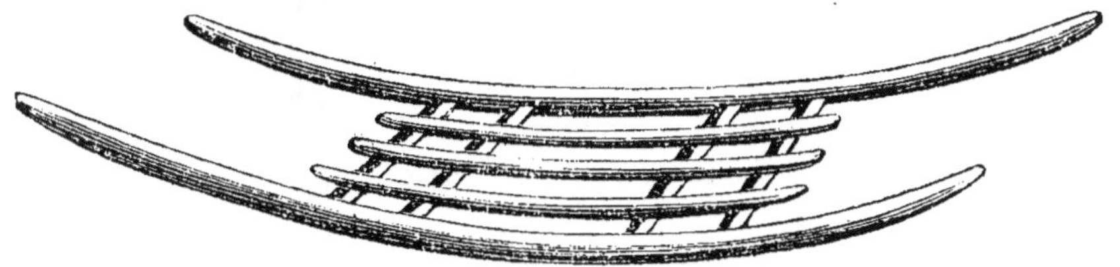

Fig. 26.

14. *Cloches.* (Voir notre chapitre Abritologie.)
15. *Coffres.* (id. id. .)
16. *Cordeau.* Un cordeau est indispensable avec le double mètre, pour dresser convenablement les planches et les sentiers. Quant à la grosseur, elle est assez arbitraire.

17. *Cotière.* C'est, en terme de maraîcher, une plate-bande plus ou moins large, abritée ou protégée par un mur, un brise-vent, une haie, contre les vents froids, et où l'on sème ou plante des légumes qui viennent plus tôt qu'en plein carré.

18. *Fléau.* Un fléau se compose d'un manche long de 1 mètre 50 centimètres, au bout duquel est jointe par des courroies une *latte* ou *batte* de moitié plus courte et beaucoup plus grosse que le manche. Le fléau sert à battre les légumes mûrs dont la graine ne tombe pas aisément, tels que la chicorée.

19. *Fourche.* Outil indispensable pour charger et décharger du fumier, pour façonner des couches et briser les mottes de terre sur les planches labourées.

La fourche est en fer, composée de trois grandes dents pointues, pour leur donner la direction convenable à leur usage. Le côté opposé aux dents a une douille pour recevoir un fort manche en bois, long de 1,m50 (fig. 27 et N). Dimensions de N :

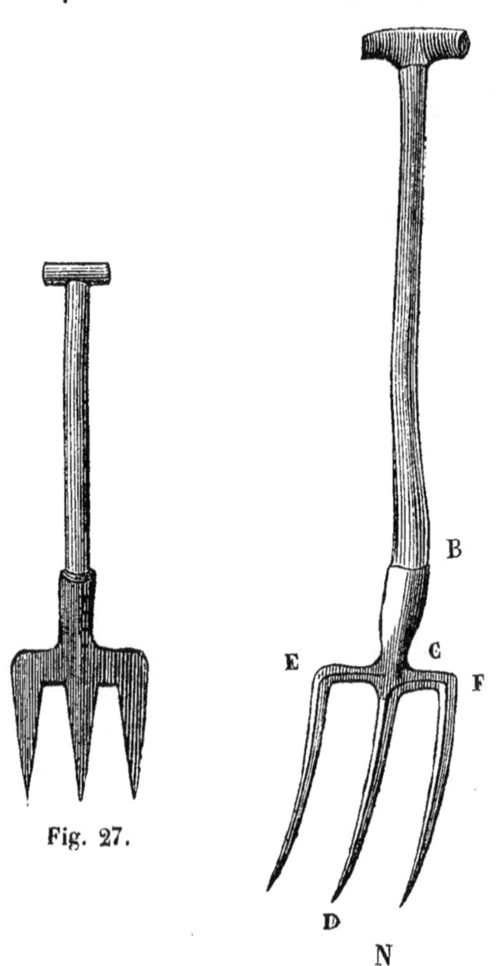

Fig. 27.

N

AB, 0m,68.—BC, 10 c. — CD, 0m,30.

20. *Gibet.* On appelle ainsi, dans les marais, trois morceaux de bois plantés en triangle autour d'un

puits, hauts de 3 mètres, réunis par en haut, d'où pend une poulie sur laquelle passe une corde ayant à chaque bout un seau qu'un homme fait monter et descendre à force de bras. Cet appareil ne peut être mis en usage que dans les puits peu profonds.

21. *Hotte.* Les hottes des maraîchers sont à claire-voie et moins grandes que les hottes ordinaires; il en faut au moins deux douzaines dans la plupart des établissements maraîchers. C'est sur ces hottes que l'on arrange, avec un certain art, les légumes qui doivent aller à la halle, et, quand une hotte est ainsi chargée de légumes, le tout se nomme *voie ;* ainsi on dit : *une voie de choux-fleurs, une voie de melons.* Un maraîcher dira : *J'ai envoyé aujourd'hui vingt voies de marchandises à la halle.* Les femmes sont plus adroites que les hommes pour *monter* avec goût la marchandise sur une hotte; aussi ce sont presque toujours elles qui font ce travail.

La hotte n'est guère employée par les maraîchers de Belgique, si ce n'est par ceux des bords de la Meuse (fig. 28 et 29).

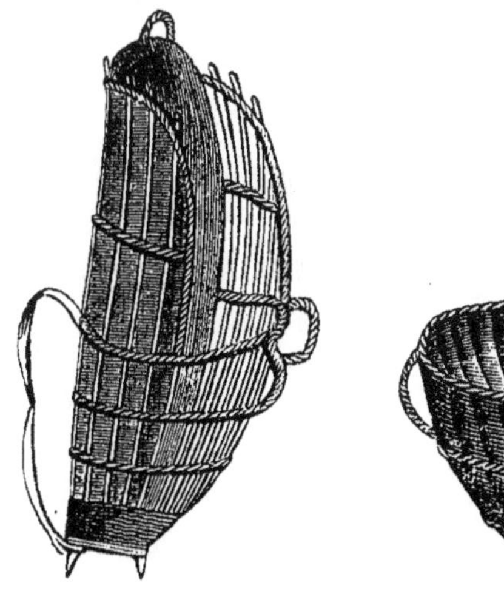

Fig. 28.

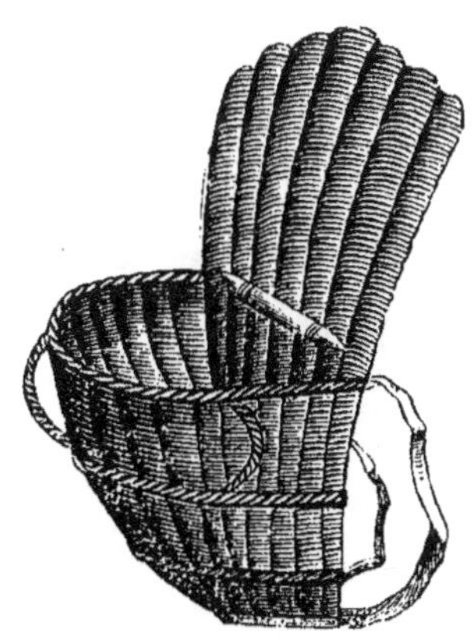

Fig. 29.

22. *Hottriau.* Ce mot, qui semble un diminutif de hotte et devoir signifier une petite hotte, désigne, au contraire, à Paris, une hotte deux ou trois fois plus grande que les autres. Le hottriau est fait de petit bois et d'osier, comme les hottes ordinaires, et se porte de même sur le dos au moyen de deux bretelles; par son moyen, un homme porte un volume considérable de fumier au moment de faire les couches, et passe où on ne pourrait passer avec une brouette : il sert à porter du terreau sur les couches, sur les planches; il sert pour emporter le vieux fumier des tranchées; enfin le hottriau est un meuble très-utile dans un marais.

22 *bis.* Houe à planter les pois, etc., fig. *M.* Dimensions :

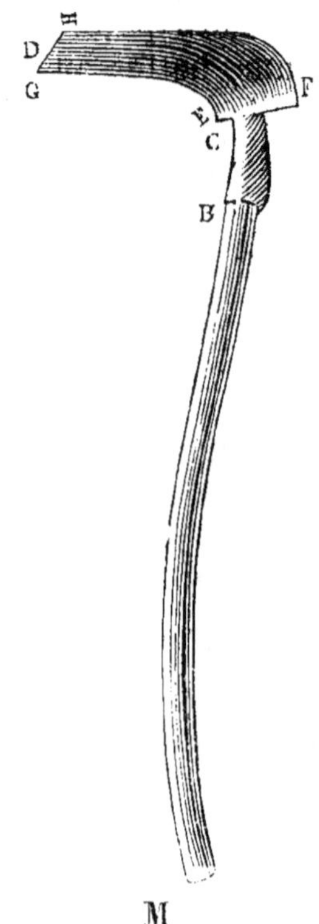

M

AB, 1^{m},25. — BC, 0^{m},9. — CD, en suivant la courbure, 0^{m},17 — EF, 0^{m},9. — CH, 0^{m},4.

23. *Manége.* Parmi les machines plus ou moins compliquées qui servent à élever l'eau pour la mettre à la portée de l'arrosoir, nous mentionnerons en premier lieu la manivelle du maraîcher, respectable pas ses longs services durant cinq siècles d'antiquité prouvée; nous pensons même que son origine est beaucoup plus ancienne. La pièce principale de cette machine consiste dans un tambour auquel s'enroule un câble qui fait monter et descendre deux barriques qui vont chercher l'eau dans un puits. Ce tambour A est supporté par un arbre B, de 4 mètres de hauteur, auquel on fixe un timon d'attelage avec le palonnier pour le cheval employé à ce travail. Deux roues, ordinairement des roues de derrière de diligences, séparées entre elles par un intervalle de 1^{m},30, supportent extérieurement de légers montants en bois; leurs moyeux sont traversés par l'arbre qui leur sert d'axe fixe, en sorte qu'elles peuvent tourner, non pas *sur lui*, mais *avec lui*. Quatre montants C ajoutent à la solidité de cet appareil. L'extrémité inférieure de l'arbre D est taillée en pointe et garnie en fer; elle tourne sur un gros pieu enfoncé à fleur de terre et dont la surface concave est également ferrée. La grande pièce de charpente qui maintient l'arbre dans une position verticale doit avoir 9 mètres de long; les jardiniers des départements qui voudraient faire construire une manivelle d'après notre dessin doivent observer que cette pièce, fort longue, et qui supporte tout l'effort du travail de la machine, ne doit pas être traversée par l'arbre, ce qui nuirait trop à sa solidité; le sommet de l'arbre est fixé à la face postérieure de la grande pièce, au moyen d'une pièce accessoire en bois, fortement boulonnée en E.

Tout le reste de l'appareil se comprend par l'inspection de la figure. On donne le nom de jumelles aux deux pièces qui supportent les poulies F, la poulie droite doit toujours être placée à 0^{m},20 plus haut que celle de gauche.

Les terrasses G, sur lesquelles repose toute la charpente, peuvent être remplacées par une légère maçonnerie, dans les pays où le bois est rare et cher. A Paris, une manivelle toute montée, avec terrasses en charpente, coûte 300 fr.; le câble et les deux tonneaux, quand le puits n'excède pas 15 mètres de profondeur, peuvent coûter 150 fr.; c'est donc une dépense de 450 fr. Le jeu de cette machine est tellement simple qu'elle fatigue peu et dure longtemps sans entraîner des frais d'entretien. Quand la disposition du local le permet, on la rend encore plus durable en la couvrant d'un hangar. (Fig. 30.)

24. *Mannes.* Les mannes sont des espèces de corbeilles ou paniers sans anses; elles sont plus ou moins grandes et profondes et construites en osier. On doit en posséder un certain nombre dans un établissement maraîcher. Elles servent à mettre différents légumes, particulièrement des herbages, pour porter à la halle.

25. *Maniveau.* C'est une sorte de petit chascret en osier, qui ne sert guère qu'à mettre des fraises et des champignons pour la vente en détail. Le maniveau se voit souvent chez les charcutiers, etc.

26. *Mut.* (Voir *Abritologie,* chap. VII.)

27. *Paillassons.* Id. id.

28. *Pelle en bois.* Tout le monde connaît la forme d'une pelle en bois; il y en a de plus ou moins grandes; la moyenne convient aux maraîchers; elle leur sert particulièrement pour charger de terre les couches qu'ils font dans des tranchées, quelquefois aussi pour

charger quelques-unes de celles qu'ils font sur terre, pour charger un hottriau, une brouette de terreau,

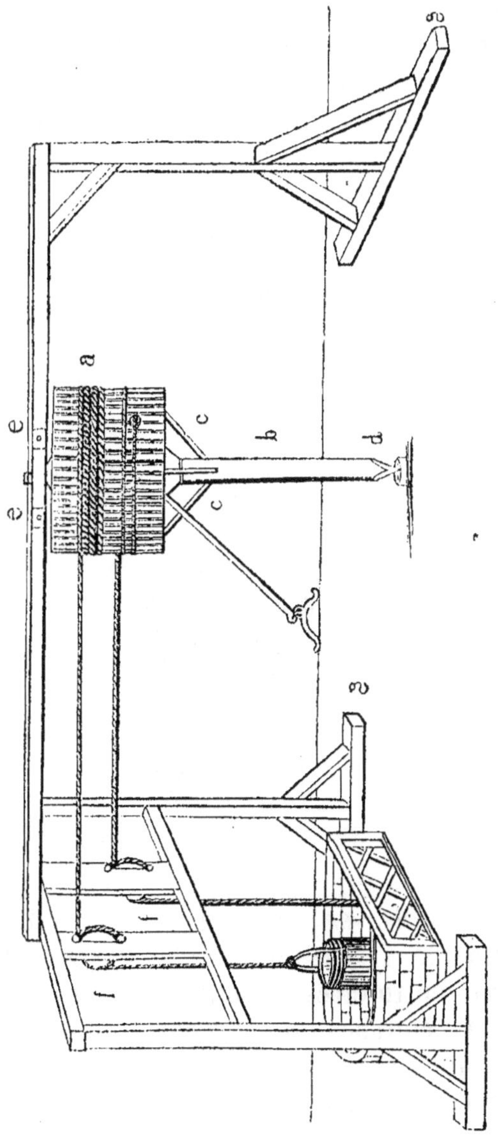

Fig. 30.

de fumier consommé, enfin pour ramasser en tas toute sorte de débris.

29. *Pelle anglaise.* Celle-ci peut, jusqu'à un certain point, remplacer la pelle en bois dans tous ses usages; mais, ayant sa lame en fer battu et assez poli, elle est plus commode que l'autre pour manier la terre et le terreau. (Voir fig. 31.)

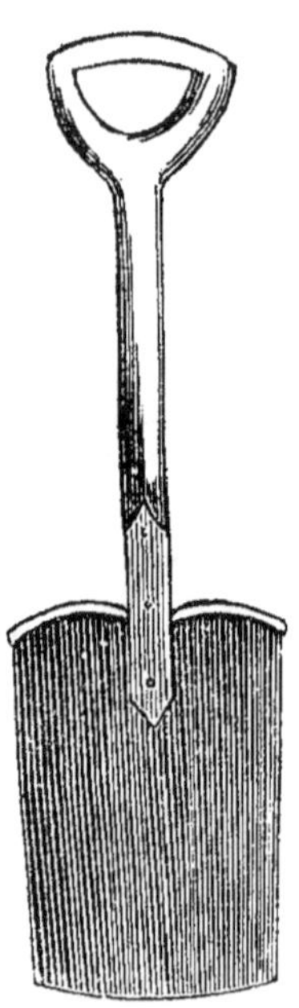

Fig. 31.

30. *Plantoirs en bois.* Ce sont des morceaux de bois ronds de 4 centimètres d'épaisseur, longs d'environ 26 centimètres, terminés en pointe émoussée par en bas, courbés en bec à corbin par en haut, avec lesquels nous plantons nos salades, oignons et tout ce qui n'est pas trop délicat à la reprise. Après avoir fait le trou avec le plantoir, et y avoir fait entrer les racines de la plante, on les fixe convenablement en

pressant de la terre contre par un autre coup de plantoir. (Voir fig. 32.)

Fig. 32.

31. *Plantoirs ferrés.* Ceux-ci ne diffèrent des précédents qu'en ce qu'ils ont le bas ferré et qu'ils durent plus longtemps; ils servent aux mêmes usages et ne sont peut-être pas aussi bons pour les plantes à cause de leur dureté et de l'oxyde qu'ils peuvent déposer près des racines.

32. *Râteau.* Un râteau est composé d'un morceau de bois appelé *tête,* long d'environ 32 à 45 centimètres, dans lequel sont placées douze ou seize dents en fer. Cette tête de râteau est percée dans son milieu d'un trou dans lequel on insère le bout d'un long manche. Le râteau sert à racler, diviser, rendre uni et meuble le dessus des planches où l'on veut faire quelques semis; il sert encore à nettoyer, à enlever les herbes, les ordures qui se trouvent dans les allées et les sentiers. (Fig. O et P.)

Les dimensions de A et B sont respectivement :

O. Râteau en bois. A B, 1^{m},65. — C D, 0^{m},48. — E F, 0^{m},24.

P. Râteau. A B, 1^{m},38. — B C, 0^{m},15. — C D. 0^{m},10. — E F, 0^{m},16.

33. *Râteau-binette.* Une lame de binette ordinaire

est adaptée à ce râteau sur le prolongement de son manche; elle sert à déraciner les mauvaises herbes,

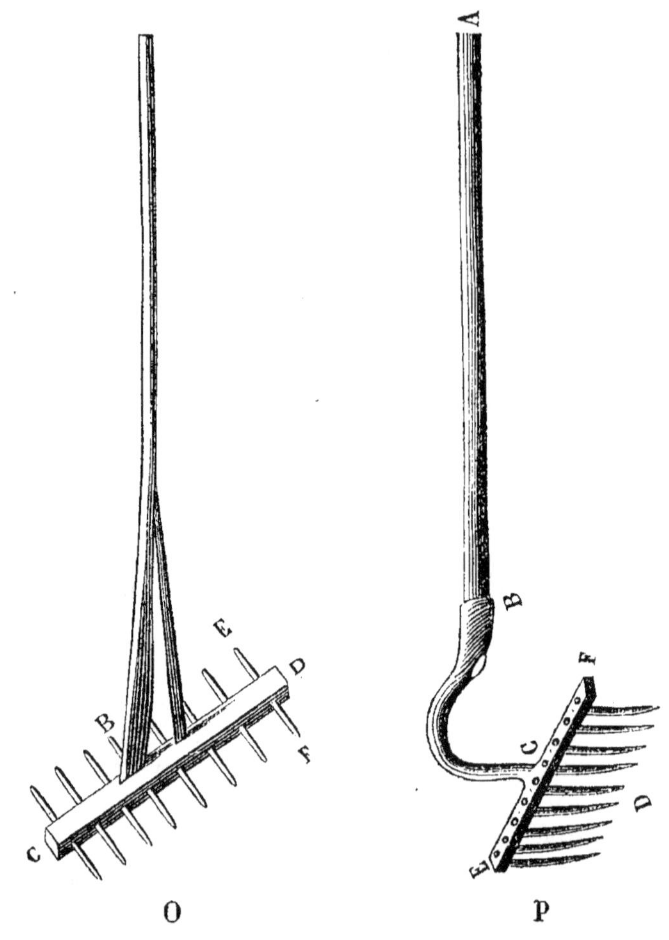

quand il s'en trouve au moment où l'on fait usage du râteau; pour éviter de se baisser, on arrache ordinairement ces racines avec la dernière dent d'une des extrémités du râteau, ce qui met promptement cet instrument hors de service. Le râteau-binette retourné fait la même opération sans en recevoir aucun dommage; c'est une heureuse innovation dont l'usage ne peut manquer de devenir général. (Voir fig. 33.)

Fig. 33.

34. *Ratissoire.* Il y a des ratissoires à pousser et des ratissoires à tirer; il y en a en fer forgé et en fer de faux; celles à pousser sont composées d'une lame large de 7 centimètres et longue de 27 centimètres, ayant une douille au milieu pour recevoir un long manche. La ratissoire à pousser sert à sarcler d'une manière expéditive dans les grandes plantations, comme dans un carré de choux; la ratissoire à tirer n'en diffère qu'en ce qu'elle est plus courte et que sa douille est courbée en demi-cercle, pour qu'on puisse la tirer à soi en travaillant; elle sert à ratisser les sentiers et les endroits durs. (Voir fig. 34, 35, 36.)

35. *Serfouette.* Il y a des serfouettes doubles et des serfouettes simples. Les doubles ont l'œil au milieu pour recevoir un manche en bois; d'un côté est une petite lame acérée et de l'autre sont deux dents : elles sont peu usitées dans les marais, quoique commodes. Les simples ont l'œil à l'une des extrémités pour recevoir le manche, et l'autre a une lame ou

deux dents qui servent à béquiller la terre dans les

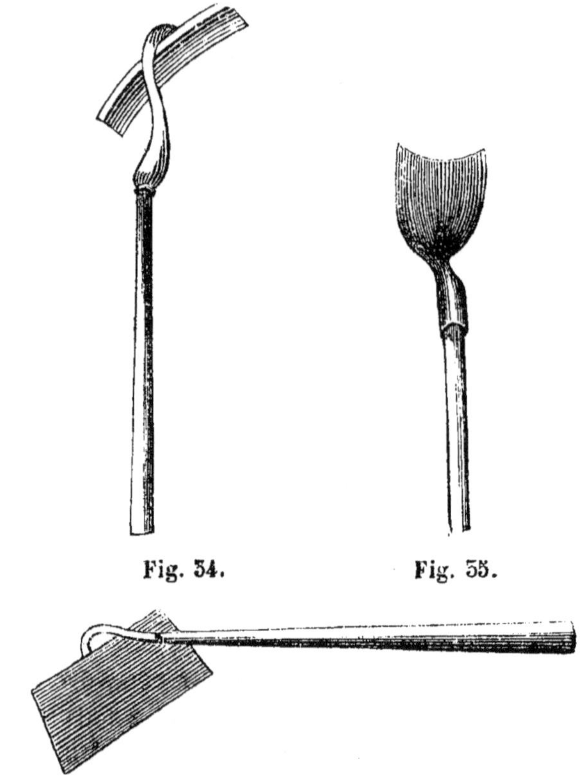

Fig. 34. Fig. 35.

Fig. 36.

plantations et la mieux disposer à recevoir les arrosements. (Voir. fig. 37, 38.)

Les serfouettes à deux et trois dents sont figurées en E, F et G. Voici leurs dimensions :

E. Serfouette trident.— A B, 1^m,38.— B C, 0^m,16. — C D, 0^m,11. — E F, 0^m,13.

F. Serfouette trident moyenne.— A B, 0^m,17. — B C, 0^m,16. —C D, 0^m,11.— E F, 0^m,11.

G. Serfouette bident.—A B, 0^m,17.—B C, 0^m,13. C D, 0^m,11. — E F, 0^m,7.

36. *Tonneaux.* Nous avons déjà dit que les maraî-

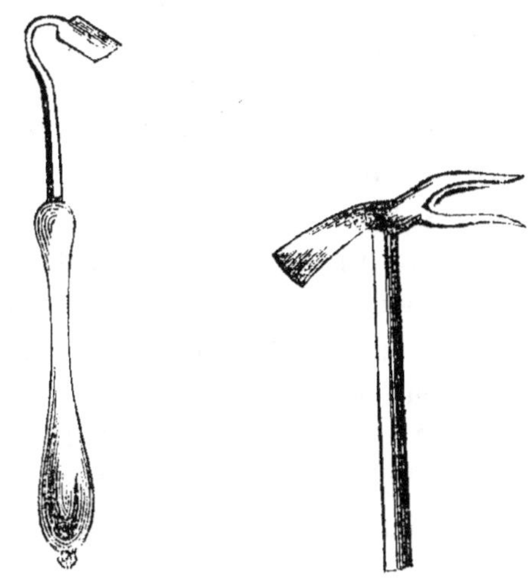

Fig. 37. Fig. 38.

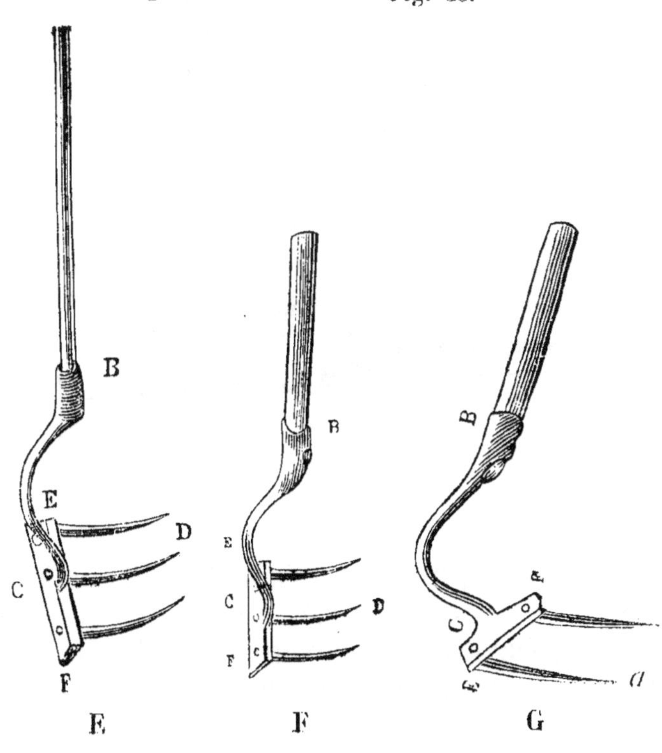

chers placent dans leurs marais, et à des distances convenables, des tonneaux pour recevoir l'eau qui leur arrive du puits au moyen de tuyaux enterrés ou de canaux sur terre. Ces tonneaux, enterrés aux trois quarts et plus, sont de deux sortes : les uns sont des barriques de vin, ils sont cerclés en cerceaux de bois liés avec de l'osier; mais, outre qu'ils ne peuvent contenir qu'une petite quantité d'eau, ils ont encore l'inconvénient de ne durer que trois ou quatre ans, et leur usage finit par devenir plus cher que l'emploi des suivants :

On doit préférer aujourd'hui les pipes ou tonneaux à huile, d'abord parce qu'ils sont plus grands, ensuite parce qu'ils sont cerclés de huit à dix cercles de fer, et que leur bois est imbibé d'huile qui le fait résister à la pourriture douze ou quinze ans. Ces grands tonneaux à huile contiennent environ 540 litres d'eau, et elle y perd de sa crudité comme dans un petit bassin.

37. *Truelle.* Dimensions (fig. L.) :

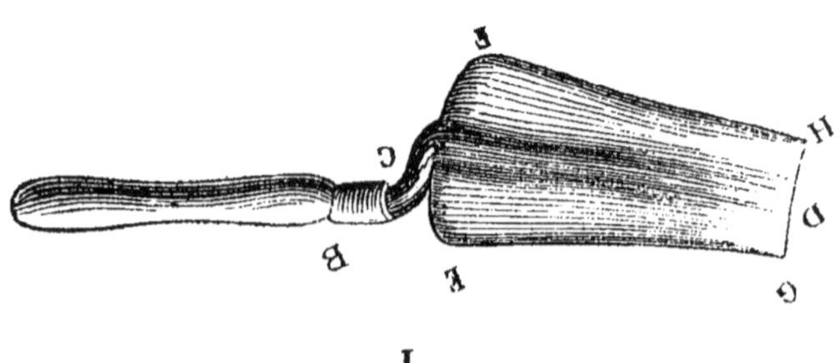

L

Truelle.—AB, 0^{m},13.—BC, 0^{m},3.—CD, 0^{m},19. — EF, 0^{m},11. — CH, 0^{m},7.

38. *Van.* Ouvrage de vannerie de la forme d'une coquille à écrémer, muni de deux anses, et qui nous

sert à vanner et nettoyer nos graines. Il y a des vans de plusieurs grandeurs. (Fig. 39.)

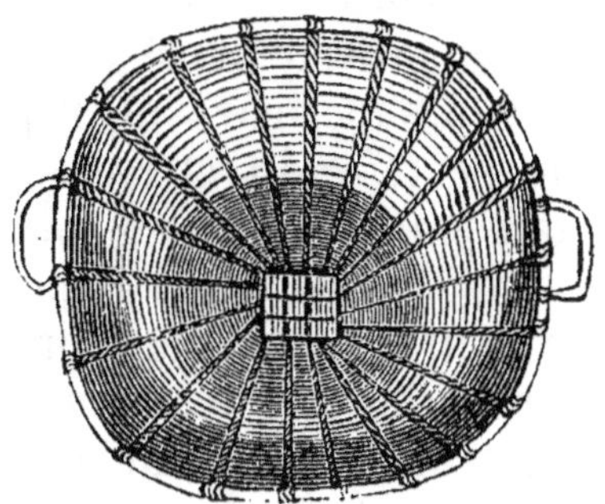

Fig. 39.

39. *Thermosiphon.* Cet appareil consiste en une chaudière remplie d'eau (fig. 40) dans laquelle plon-

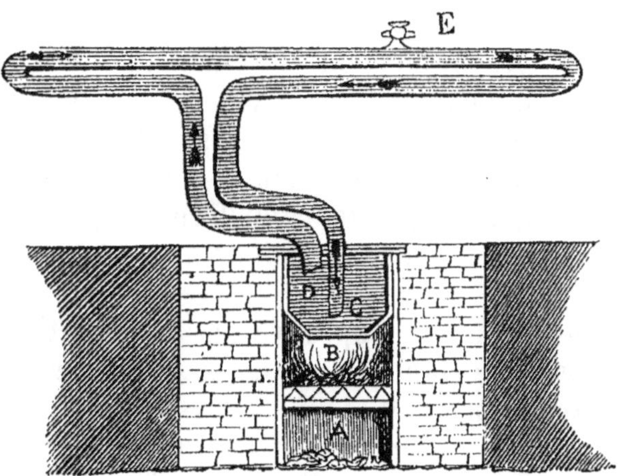

Fig. 40

gent plus ou moins profondément les deux extrémités d'un tuyau plié sur lui-même, et muni d'un tube qu'on peut ouvrir ou fermer à volonté pour laisser échapper l'air contenu dans l'appareil, qui doit être exactement rempli par ce tube E hermétiquement fermé. L'eau échauffée au contact des parois de la chaudière, devenant plus légère, traverse les couches supérieures, plus froides et plus lourdes, et gagne, par l'extrémité D du tuyau placé au sommet de la chaudière, la partie supérieure de l'appareil ; dans le parcours, elle se refroidit et redescend alors par l'extrémité D, qui plonge jusqu'au fond de la chaudière, se réchauffe de nouveau, remonte, etc. Un mouvement circulaire se trouve donc ainsi établi tant qu'on entretient le foyer A, et même, lorsque la chaudière contient une assez grande quantité d'eau, on peut cesser d'alimenter le foyer pendant plusieurs heures, sans pour cela arrêter le mouvement : la masse conserve assez longtemps sa chaleur pour entretenir la circulation, plus lente, il est vrai, mais toujours suffisante pour maintenir la température de la serre à peu près au même degré. Le thermosiphon est certainement préférable, pour le chauffage de toutes les serres, à l'air chaud et à la vapeur. La température qu'on obtient par son emploi est douce, régulière; l'appareil peut porter la chaleur à une distance considérable, tandis que le calorifère ne peut en produire, avec effet sensible, au delà de 12 mètres du foyer.

Le thermosiphon a éprouvé des modifications plus ou moins importantes, tant dans sa forme que dans sa construction.

La chaudière peut avoir la forme d'une cloche (fig. 41) à double paroi. Un massif de briques *d* supporte en *f* cette cloche, entourée d'une maçonnerie en briques *m; q* est un foyer dont *p* est la grille, *i* la porte, et *r* le cendrier.

Le calorique développé par la combustion s'élève le long de la plaque de fonte *s*, redescend derrière cette plaque, parcourt l'espace *n*, et s'échappe en *o*, après avoir encore échauffé le dessus de la chaudière.

L'eau *b*, en s'échauffant, se dilate et pousse celle

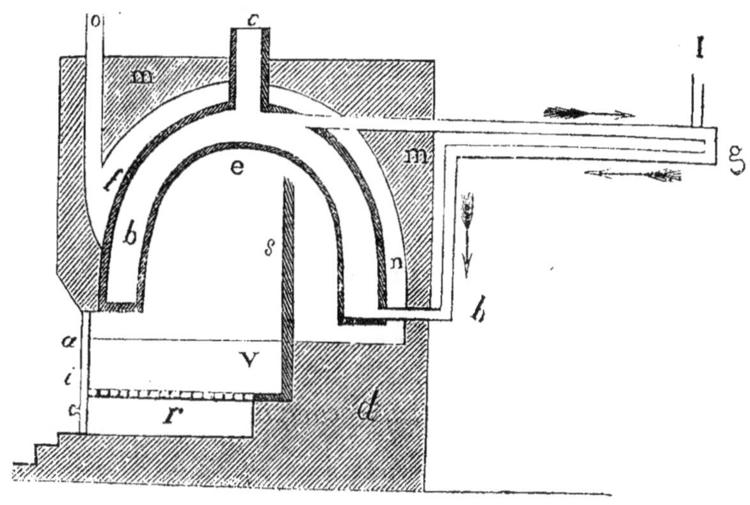

Fig. 41.

qui est renfermée dans le tuyau supérieur jusqu'au point *g*; elle revient, après s'être refroidie en parcourant le local, et rentre par le bas de la chaudière, au point *h*, où elle se réchauffe de nouveau, etc.

Le tube *c* sert à remplir l'appareil, en même temps qu'il facilite l'expansion qui résulte de la dilatation de l'eau et celle de la vapeur; *t* est un tube d'aérage par où l'air comprimé par l'eau au moment de l'emplissage de la chaudière doit s'échapper.

Dans la fig. 42, la chaudière présente, comme la

Fig. 42.

précédente, beaucoup de surface et très-peu d'épaisseur. L'eau chaude sort par le tube B ; l'eau refroidie rentre par le tube A.

CHAPITRE X.

CHIMIE HORTICOLE (1).

1° *But de la chimie horticole, composition des plantes.*

La chimie horticole a pour but de rechercher les sources où les plantes vont puiser leurs éléments constitutifs, d'étudier la nature de ces divers éléments, de déterminer les formes sous lesquelles ces matières sont absorbées, et enfin de rechercher leur influence sur la vie végétale.

C'est, en d'autres mots, la théorie des engrais ou de l'alimentation végétale.

On appelle *engrais* toute matière qui sert d'aliment aux plantes.

Tout végétal est formé chimiquement par la combinaison des divers corps simples entre eux; ces corps sont : le *carbone*, l'*hydrogène*, l'*oxygène* et l'*azote*. On rencontre dans certains végétaux, outre les quatre corps énumérés ci-dessus, l'un ou l'autre, ou plusieurs à la fois, les corps suivants : le *chlore*, l'*iode*, le *brome*, le *soufre*, le *phosphore*, le *silicium*,

(1) On consultera avec fruit les ouvrages de Liebig, Gasparin, Davy, Boussingault.

le *potassium,* le *sodium,* le *calcium,* le *magnesium,* l'*aluminium,* le *fer,* le *manganèse* et le *cuivre.*

Le carbone est le plus important de tous; c'est lui qui forme, en grande partie, la charpente solide du végétal.

L'hydrogène et l'oxygène, en se combinant à du carbone, forment un grand nombre de composés qui entrent dans la formation de la plante.

L'azote combiné aux précédents joue également un rôle fort important dans la vie végétale.

Le chlore, l'iode et le brome ne se rencontrent que dans quelques plantes qui possèdent des propriétés salines; le premier est commun dans les plantes maritimes et celles qui croissent dans les steppes salés; les deux derniers ne se trouvent que dans les plantes marines.

Le soufre et le phosphore se trouvent dans beaucoup de plantes combinés avec de l'oxygène et forment alors de l'acide sulfurique ou de l'acide phosphorique.

Le silicium sous forme d'oxyde (c'est-à-dire combiné avec de l'oxygène) forme souvent une partie considérable des tissus végétaux.

Le potassium, le sodium, le calcium, le magnesium, l'aluminium, le fer, le manganèse et le cuivre, ne se rencontrent dans les plantes que sous forme d'oxydes (c'est-à-dire combinés à l'oxygène), et ces oxydes à leur tour sont toujours intimement liés à des acides (1). Les sept premiers de ces corps existent en quantités variables dans presque toutes les plantes; le cuivre est au contraire fort rare.

(1) Les oxydes et les acides ont toujours une grande tendance à se combiner ensemble, c'est-à-dire à former, par leur réunion intime, un nouveau corps (sel) qui possède des propriétés différentes de celles de ses composants.

Les combinaisons de tous ces corps entre eux forment toutes les diverses parties, toutes les diverses substances qu'on trouve dans un végétal. On peut diviser ces combinaisons en deux catégories, celles qui font partie des organes des plantes et celles qui ne font pas partie des organes. Voici l'énumération des plus répandus parmi ceux de la dernière catégorie :

1° *L'eau*, combinaison d'une partie d'hydrogène avec deux d'oxygène; c'est un des corps les plus importants dans la vie d'une plante.

2° *L'acide carbonique*, combinaison d'une partie de carbone avec deux parties d'oxygène; cette substance est celle qui constitue le principal élément de la nutrition des végétaux.

3° *L'acide oxalique*, combinaison de deux parties de carbone et de trois parties d'oxygène; cet acide se trouve dans presque tous les végétaux.

4° *L'ammoniaque*, combinaison d'une partie d'azote avec trois parties d'hydrogène. C'est la source principale de tout l'azote que renferme la plante.

Il faut joindre à ces quatre corps, divers autres acides et oxydes formés par l'oxygène, ainsi que les combinaisons de chlore, d'iode et de brome avec l'hydrogène (1).

Les divers oxydes et acides se combinent ensemble pour former ce qu'on appelle des sels; ces sels sont nombreux : les plus répandus sont l'*acétate* et le *malate de chaux* (combinaison d'acide acétique ou vinaigre avec de l'oxyde de calcium, qu'on appelle chaux dans le premier cas; d'acide malique (jus de pomme), avec de la chaux dans le second cas); le

(1) Voir les *Traités de Chimie*, etc., de Liebig, Jablonsky, Poggendorff, Berzelius.

citrate et *l'oxalate de chaux* (combinaison d'acide citrique (jus de citron) ou d'acide oxalique (jus d'oseille) avec de la chaux); le *sulfate de chaux* (acide sulfurique et chaux); enfin, le *carbonate de chaux* (acide carbonique et oxyde de calcium).

Parmi les corps qui font partie de l'organisation du végétal, nous trouvons :

1° La *cellulose :* c'est la matière qui forme les parois des cellules et des fibres du végétal; c'est également la matière qui constitue le bois des arbres. C'est une combinaison de douze parties de carbone, de dix parties d'hydrogène et de dix parties d'oxygène.

2° La *gomme :* c'est une matière bien connue dont la composition paraît être douze parties de carbone, onze parties d'hydrogène et onze parties d'oxygène.

3° La *fécule* ou *amidon :* ce sont de petits grains arrondis, organisés, de forme variable selon les plantes, et qu'on trouve à l'intérieur des cellules de diverses parties des végétaux. Sa composition est : carbone, douze parties; hydrogène, dix parties; oxygène, dix parties; c'est la même composition que celle de la cellulose et presque la même que celle de la gomme.

4° Le *sucre* se trouve sous forme dissoute dans les liquides que renferment les cellules; sa composition est : douze parties carbone, dix parties hydrogène et dix parties oxygène. C'est la même composition que celle de la fécule, aussi peut-on transformer la fécule en sucre, au moyen d'opérations bien connues des fabricants. La cause de la diversité de propriétés de corps ayant la même composition chimique, est entièrement inconnue; ce n'en est pas moins un des faits les plus intéressants de la chimie organique.

5° L'*inuline :* c'est un corps qu'on trouve dans les

chicoracées et quelques autres plantes sous forme de fort petits grains transparents. Sa composition est la même que celle du sucre.

6° L'*huile* et la *cire*. Beaucoup de plantes renferment dans leurs cellules, surtout dans celles des graines, des gouttelettes d'huile; on peut, au moyen de presses ou de meules, extraire l'huile des plantes.

On a découvert plusieurs sortes d'huiles dans les végétaux : les plus répandues sont l'*élaïne* et la *margarine;* ce sont des corps formés par des combinaisons de carbone, d'hydrogène et d'oxygène (1).

La cire végétale qu'on trouve dans quelques végétaux (2) forme diverses variétés dont la composition varie, mais qui toutes ont pour parties constituantes du carbone, de l'hydrogène et de l'oxygène (3).

Les diverses substances que nous venons d'indiquer, c'est-à-dire la cellulose, la gomme, la fécule, le sucre, l'inuline, l'huile et la cire, sont ce qu'on appelle généralement des matières végétales hydrocarbonées, c'est-à-dire formées par la combinaison d'hydrogène, d'oxygène et de carbone. Nous arrivons maintenant à un petit nombre de corps composés qu'on rencontre dans les végétaux et auxquels on a donné le nom de corps *azotés*, parce qu'ils contiennent de l'azote; ce sont :

1° La *caséine* végétale ou légumine;

2° La *fibrine* végétale ou gluten;

(1) L'élaïne est une combinaison de glycérine ($C_3 H_2 O$) et d'acide élaïnique ($C_{44} H_{40} O_4 \times HO$); la margarine a pour formule chimique ($C_3 H_2 O$) $\times$ ($C_{34} H_{34} O_3 \times HO$). (*Note pour le lecteur qui connaît la chimie.*)

(2) Dans certaines espèces de croton, de thomex, de rhus, d'elymus, de musa, de strelitzia, de ceroxylon, de galactodendron, de myrica, etc.

(3) *Note pour les chimistes.* Les formules des diverses cires connues sont : 1° ($C_{20} H_{20} O$); — 2° ($C_{10} H_{10} O$); — 3° $C_{40} H_{32} O$); — et 4° ($C_{15} H_{15} O$). Ce sont des matières à étudier de nouveau.

3° L'*albumine* végétale.

La caséine végétale est la même substance qu'on trouve dans le lait comme principe constituant du fromage; la fibrine végétale est le même corps que celui qui forme notre chair; l'albumine végétale est l'analogue du blanc d'œuf; on trouve ce corps en quantité notable dans notre sang. On conçoit donc aisément que ces matières azotées sont précisément celles qui nourrissent le plus spécialement les animaux qui les mangent, et que les plantes qui en contiennent le plus sont les plus alimentaires.

Ces trois corps sont formés d'un corps commun nommé la *protéine*, lequel est joint pour chacun d'eux à d'autres corps.

La protéine a pour composition, 31 parties d'hydrogène, 40 parties de carbone, 10 parties d'azote et 12 parties d'oxygène.

La caséine végétale renferme 10 parties de protéine, plus une partie de soufre; la fibrine végétale renferme 10 parties de protéine, plus une partie de phosphore et une partie de soufre; l'albumine végétale se compose de 10 parties de protéine, une partie de phosphore et deux parties de soufre (1).

Ces trois corps, qu'il est fort difficile de distinguer l'un de l'autre dans les végétaux, se rencontrent surtout dans les parties jeunes et dans les graines; ils tapissent ou remplissent les cellules (2).

(1)

$$10\,(H_{31}C_{40}N_{10}O_{12}) + \begin{cases} S = & \text{Caséine végétale.} \\ P+S = & \text{Fibrine végétale.} \\ P+2S = & \text{Albumine végétale.} \end{cases}$$

(2) Nous pourrions citer une foule d'autres matières organiques hydrocarbonées végétales très-répandues, telles que la chlorophylle, l'acide tartarique, les alcalis végétaux, le tanin, la viscine, etc. Consulter à cet égard Liebig, *Chimie organique*, et Mulder, *Chimie physiologique*, Moleschott.

2° Des sources où le végétal va puiser ses aliments.

Un axiome généralement admis par les botanistes comme par les chimistes, c'est que le végétal tire toute sa substance du dehors. Comme nous l'avons vu précédemment dans le premier chapitre du présent ouvrage, c'est par les spongioles des racines et par les stomates du dessous des feuilles que pénètrent dans la plante les corps qui servent à son alimentation.

Afin de raccourcir notre travail, nous nous bornerons à donner un résumé succinct des sources où le végétal va puiser les diverses corps simples dont nous avons parlé dans les pages précédentes.

Le carbone.

Le carbone des tissus de la plante provient :

1° De l'acide carbonique (composé de carbone et d'oxygène) répandu dans l'air atmosphérique;

2° De l'acide carbonique qui se dégage du sol pendant la décomposition de matières organiques mortes (engrais, etc.);

3° De l'acide ulmique (corps qui se produit dans le terreau du sol pendant la décomposition des matières organiques mortes qu'il renferme, et dont la composition est : 40 parties de carbonne, 14 parties d'hydrogène et 12 parties d'oxygène), combiné à des oxydes qui lui donnent la propriété de devenir soluble et de pouvoir pénétrer par les racines. Le carbone entre donc dans les plantes sous forme gazeuse par les stomates, ou en solution par les racines.

L'azote. Il provient :

1° Des sels d'ammoniaque recueillis dans l'air par l'eau de la pluie et qui tombent avec elle sur le sol. C'est surtout le carbonate d'ammoniaque (combinaison d'ammoniaque (voir plus haut) avec de l'acide carbonique) qui pénètre dans la plante;

2° De l'acide nitrique (combinaison de 2 parties d'azote et de 5 parties d'oxygène) uni à des oxydes pour former ce qu'on appelle des *nitrates*. Cet acide nitrique provient soit de celui que renferme souvent l'atmosphère, soit de la décomposition de débris d'animaux dans le sol;

3° De nitrates qui existent naturellement dans quelques roches en voie de décomposition (1).

L'oxygène. Il provient :

1° De l'air atmosphérique;

3° De la cellulose du bois et d'autres matières oxygénées qui se trouvent dans les engrais en voie de décomposition.

Dans le premier cas il pénètre par les feuilles, dans le second cas il entre par les racines en dissolution dans l'eau du sol.

L'hydrogène. Il provient de l'eau, qui pénètre soit par les racines sous forme liquide, soit par les stomates sous forme de vapeur. L'hydrogène provient également de diverses matières organiques qui entrent dans la constitution des terreaux et des engrais végétaux, lesquelles matières devenant solubles dans l'eau sont absorbées. L'ammoniaque peut encore fournir de l'hydrogène par sa décomposition à l'intérieur de la plante.

Le soufre. Il provient de divers sulfures (corps formés par la combinaison de l'acide sulfurique avec des oxydes) qui se trouvent dans le sol; ces sulfures sont insolubles, mais en absorbant une certaine

(1) Peut-être la plante absorbe-t-elle directement certains corps azotés organiques des engrais; peut-être aussi, mais c'est encore plus douteux, peut-elle retirer une partie de l'azote atmosphérique. *Voy.* Barral.

quantité d'oxygène de l'air, ils prennent une autre forme et passent à l'état de sulfates, lesquels sont solubles dans l'eau et peuvent pénétrer dans les plantes. Les sulfates les plus communs dans le sol sont le sulfate d'ammoniaque et le sulfate de chaux (1).

Silicium.

Le silicium qu'on rencontre dans la plupart des plantes provient, non pas du sable (oxyde de silicium), qui est insoluble dans l'eau, mais de divers silicates (combinaison d'acide silicique qui est formé d'oxygène et de silicium avec des oxydes divers) qui sont plus ou moins solubles et qu'on rencontre en quantités variables dans tous les sols. Les plus répandus sont les silicates d'alumine, de chaux, de magnésie, de fer et de manganèse. La chaux a le pouvoir de rendre soluble la silice des silicates aluminiques.

L'acide carbonique aide également à la dissolution de ces silicates (2).

Le potassium et le sodium.

Les oxides de potassium et de sodium se combinent avec l'acide silicique, l'acide carbonique, l'acide nitrique, l'acide phosphorique, l'acide sulfurique, etc., pour former des silicates, des carbonates, des nitrates, des phosphates, des sulfates, etc., de potasse et de soude.

Ces corps se trouvent répandus dans le sol, soit

(1) Le sulfate de chaux ne se dissout qu'en très-faibles quantités (1/460e) de son poids dans l'eau. Le sulfate d'ammoniaque mis en présence de la craie humide donne naissance à du carbonate d'ammoniaque et à du sulfate de chaux par un échange réciproque d'acide. L'un (le sulfate d'ammoniaque) abandonne son acide sulfurique, l'autre (le carbonate de chaux ou craie) son acide carbonique.

(2) *Note pour ceux qui connaissent la chimie.* L'acide silicique se laisse éliminer par l'acide carbonique, et les silicates de potasse, de chaux, etc., deviennent carbonates de potasse, de chaux, etc.; l'acide silicique naissant paraît être immédiatement absorbé par les spongioles.

par la désagrégation de roches formant le sous-sol et qui en contiennent, soit par la décomposition des engrais, soit enfin par la légère quantité que transportent quelquefois les vents.

Ces sels sont presque tous solubles et sont absorbés directement par la plante.

Le sel marin ou sel ordinaire (chlorure de sodium) contient beaucoup de soude et peut fournir aux végétaux la quantité qu'ils en demandent.

Un phénomène curieux, c'est que dans une plante qui renferme généralement de la potasse on peut trouver, au lieu de potasse, de la soude, et *vice versa*, dans une plante sodifère on peut trouver de la potasse; il paraît que ces deux corps peuvent se substituer réciproquement l'un à l'autre dans un grand nombre de cas. Ainsi le sel marin qui fournit de la soude aux plantes peut souvent leur tenir lieu de potasse qui manquerait à la terre (1).

Le calcium et le magnésium.

Ces deux corps paraissent, comme la potasse et la soude, pouvoir se substituer l'un à l'autre dans les végétaux chaque fois que l'un des deux vient à manquer dans le sol.

La chaux paraît être indispensable quand le terrain ne renferme pas de magnésie (d'oxyde de magnésium), elle est toujours utile, même quand la magnésie y existe.

(1) *Note pour ceux qui connaissent la chimie.* Les chlorures alcalins sont solubles ; si on donne à la fois à une plante du sulfate de chaux et du chlorure de sodium, ce sera comme si on lui avait donné du sulfate de soude et du chlorure de calcium. Le chlorure de potasse et celui de soude dans un terrain humide se transforment en chlorure de chaux et carbonate de potasse ou de soude.

Le chlorure de chaux provenant de cette réaction peut se trouver en contact avec du carbonate d'ammoniaque, auquel cas il se formera du carbonate de chaux et de l'hydrochlorure d'ammoniaque. Toutes ces diverses combinaisons sont solubles et peuvent fournir à la plante de la potasse et de la soude.

La chaux caustique (oxyde de calcium) est soluble dans l'eau, dans le rapport de un six cent trentième; cette chaux (vive) passe insensiblement à l'état de carbonate de chaux quand on l'expose à l'air, cela en absorbant de l'acide carbonique atmosphérique qui s'y combine. L'oxyde de magnésium est insoluble dans l'eau; il passe comme le précédent et de la même manière, quoique plus lentement, à l'état de carbonate de magnésie.

En absorbant un excès d'acide carbonique, les carbonates de chaux et de magnésie deviennent plus ou moins solubles (ce sont alors des bicarbonates); c'est alors que le calcium et le magnésium pénètrent dans les plantes.

Ces deux corps sont très-répandus dans la nature et font naturellement partie de la plupart des sols.

Le fer. Il se trouve en faibles quantités et sous différentes formes (silicate de fer, oxyde de fer, etc.) dans le sol. Il joue d'ailleurs un rôle assez peu important dans la végétation de même que les deux corps suivants :

L'aluminium et le manganèse.

Ces deux corps existent dans le sol : le premier très-communément, le second plus rarement. Diverses combinaisons des oxydes de ces corps avec des acides sont solubles.

Le phosphore.

On trouve du phosphore sous forme de phosphates dans tous les terrains, mais en très-faibles quantités; il est plus répandu dans les engrais et existe surtout en quantités notables dans les os et dans les urines des animaux.

L'acide phosphorique (combinaison de phosphore et d'oxygène) se trouve souvent dans la nature combiné à la chaux, à la potasse, à la soude et à la magnésie, formant des phosphates de ces divers corps, lesquels phosphates sont solubles et peuvent par conséquent pénétrer dans la plante et lui servir d'aliment.

Le phosphate de chaux ne se dissout qu'au contact du sulfate d'ammoniaque liquide; celui de magnésie demande quinze fois son poids d'eau pour se dissoudre entièrement.

3° *Phénomènes qui accompagnent ou suivent l'introduction des matières alimentaires dans les végétaux.*

Nous avons vu que *tous* les corps que reçoit le végétal pour son alimentation lui sont fournis sous une forme composée, ce sont :

De l'acide carbonique,
De l'acide ulmique ou des ulmates,
De l'ammoniaque (carbonate, etc.),
De l'acide nitrique,
Des nitrates,
De l'air atmosphérique,
De l'eau,
Des sulfates,
Des silicates,
Des carbonates et des bicarbonates,
Des phosphates,
Des chlorures,
Des oxydes.

Tous ces mots, qui constituent la carte de restaurant du règne végétal, sont formés par la combinaison de deux ou de plusieurs corps simples. Le végétal a le pouvoir de les décomposer dans son intérieur afin de s'approprier l'un ou l'autre des éléments dont il a besoin; la force de réduction ou de décomposition des plantes est même très-grande. La cause de ce phénomène, comme celle de tant d'autres encore, nous échappe.

La quantité de chaque corps que demande un végétal est déterminée d'une manière rigoureuse pour une espèce donnée.

On ne pourrait nourrir une plante avec de l'azote pur, avec de l'oxygène pur, avec du carbone pur, etc., fournis dans la proportion dans laquelle ils existent dans le végétal ; il doit se procurer ces éléments sous une forme soluble ou gazeuse et composée.

Toutes les matières absorbées par la plante et qui ne servent pas à son alimentation, soit que ces matières proviennent de la décomposition de l'un des principes nutritifs indiqués ci-dessus, soit qu'elles proviennent de matières solubles contenues dans le sol ou renfermées accidentellement dans l'air, sont rejetées au dehors par la respiration ainsi que par *excrétion* par les racines. C'est-à-dire que la plante rejette au dehors par les racines, sous forme d'excréments, ces substances inutiles (1).

Les corps composés sont décomposés à l'intérieur même de la plante et non pas avant d'entrer dans les spongioles.

Voici un exemple de la manière dont ces corps se comportent :

Soit le sulfate d'ammoniaque (combinaison d'acide sulfurique et d'ammoniaque); il pénètre dans la plante; il y est décomposé en azote qui se fixe dans le gluten, etc., en hydrogène qui, se combinant à de l'oxygène, forme de l'eau ou bien se fixe ou est excrété sous forme de matière organique hydrogénée; enfin

(1) Voir Macaire, *Mém. soc. de phys. et d'hist. nat. de Genève*, et *Gard. Magazine*, vol. X, p. 12.

d'*acide sulfurique* qui, venant en contact dans la plante avec des carbonates divers, forme des sels (après avoir libéré leur acide carbonique) qui sont rejetés.

Un exemple plus simple d'assimilation est celui de l'acide carbonique (formé de carbone et d'oxygène); ce gaz pénètre par les feuilles : il est alors décomposé; le carbone se fixe dans le bois, dans les parties vertes, etc., tandis que l'oxygène est ou rejeté au dehors (après avoir circulé pendant un certain temps dans les trachées), ou retenu dans l'une ou l'autre partie oxygénée du végétal, ou encore, se combinant avec de l'hydrogène, il peut former de l'eau.

Composition (des cendres) des plantes

NOMS DES PLANTES.	Cendres sur 100 parties.	Potasse.	Soude.	Magnésie.
Haricot	3.29	37.27	10.82	9.47
Pois	3.00	36.30	7.11	8.54
Lentille	2.06	27.84	6.65	1.98
Navet.	0.78	36.98	6.76	3.61
Jets de navet	—	28.65	5.41	3.09
Betterave	0.88	30.80	12.19	2.91
Carotte	0.91	32.44	13.52	3.96
Topinambour	—	54.67	—	2.21
Pomme de terre	—	55.75	1.86	5.28
Chou.	—	11.70	20.42	5.94
Moutarde [graines].	4.15	9.80	9.18	11.00
Asperge.	0.47	6.01	54.21	3.03
Oignon [bulbe].	0.46	32.55	8.04	2.70
» [tige].	0.84	13.98	14.43	tr.
Cornichon	0.63	47.42	—	4.26
Brocoli [cœur].	1.01	47.16	—	3.93
» [feuilles].	1.70	22.10	7.55	3.43
Chou-fleur [cœur].	0.71	34.39	14.79	2.38
Radis [racine].	6.43	21.16	—	3.53
» [feuilles].	2.76	5.05	11.09	7.08
Rhubarbe [tige].	0.69	59.59	0.46	—
» [feuilles].	1.25	14.47	31.77	5.59
Épinard.	2.03	9.69	54.96	5.29
Artichaut.	1.17	24.04	5.52	4.14
Laitue.	0.87	46.01	5.29	2.17
Endive.	1.37	37.87	12.12	1.77
Céleri.	1.07	22.07	—	5.82
Panais.	1.49	36.12	5.11	9.94
Houblon.	—	25.18	—	5.77

potagères les plus communes.

Chaux.	Acide phosphorique.	Acide sulfurique.	Silice.	Peroxyde de fer.	Chlorure de soude.	Chlorure de potassium.
5.78	51.75	2.05	0.99	0.15	1.28	0.07
5.56	55.52	4.59	0.52	0.98	2.16	—
5.07	29.07	—	1.07	1.61	6.15	—
11.14	9.74	12.45	5.45	1.09	7.85	0.59
25.27	9.29	12.52	0.86	0.86	cl. 16.05	—
5.65	4.19	5.03	4.44	1.24	24.55	—
8.85	8.55	6.55	1.19	1.10	6.50	—
2.82	15.27	2.70	15.97	6.59	5.05	—
2.07	12.57	15.64	4 25	0.52	7.01	—
20.97	12.57	21.48	0.75	6.60	cl. 5.77	—
20.81	56.60	5.29	5.29	1.45	0.55	—
4.59	18.51	4.15	15.47	5.51	12.94	—
12.6	15.09	8.54	5.04	12.29	4.49	—
25.	—	10.50	19.77	10.61	tr.	—
6.51	14.97	4.60	7 12	2.06	9.06	4.19
4.70	24.85	10.55	0.69	2.12	tr.	6.22
26.44	16.62	16.10	1.85	6.21	—	—
2.96	25.84	11.16	1.92	5.67	2.78	—
8.78	40.09	7.71	8.17	2.19	7.07	1.29
27.90	6.07	9.64	8.22	16.45	8.50	—
10.04	12 85	1.89	2.77	2.77	8.84	—
5.95	50.04	9.52	2.55	2.55	tr.	—
15.11	7.89	9.50	5.16	8.67	7.95	—
9.56	56.25	5.18	7.02	4.74	5.57	—
6.05	8.52	5.89	20.25	tr.	7.82	—
12.05	—	5.21	24.62	6.56	tr.	—
15.11	11.58	5.58	5.85	2.66	—	55.41
11.45	18.66	6.50	4.10	5.71	5.54	—
15.98	12.15	5.41	21.50	5.12	7.24	1.67

4° *Des engrais, de leur composition, de leur valeur, de leur application à la culture maraîchère.*

Dans la nature, les végétaux tirent leurs aliments de l'air, de l'eau et du sol; mais les plantes cultivées ne se trouvent plus situées dans le même état naturel, leur croissance doit être hâtée, leur développement stimulé, leurs propriétés ou leur masse accrues. C'est dans ce but qu'on enfouit des engrais dans le sol; ces engrais n'ont d'autre but que de procurer aux plantes, en quantités plus considérables que ne les leur fournit la nature, les divers corps qui doivent les alimenter. Nous appelons *engrais* toute substance propre à alimenter une plante.

On peut déduire de ceci :

1° Qu'un engrais doit être susceptible d'assimilation par la plante, c'est-à-dire qu'il doit être soluble dans l'eau et renfermer les corps que demande l'organisation végétale (1);

2° Qu'un engrais ne doit jamais renfermer des matières solubles nuisibles à la végétation, telles que l'alcool, les résidus de raffinerie, le tan, le goudron;

3° Que la décomposition ou la solubilité d'un engrais doit être proportionnée au développement des végétaux auxquels on le fournit : certains engrais se décomposent ou se fondent trop vite, d'autres trop lentement;

4° Que l'engrais doit être donné dans une proportion telle qu'il produise le maximum de récolte auquel on puisse s'attendre : ceci pour la plupart des plantes;

5° Que l'état du sol doit influer sur la nature et la

(1) Voir aussi Le Docte, *Mém. sur la chimie et la physiol. végét.*, 1849, in-8°.

quantité de l'engrais : tout sol très-compacte ou très-humide fait perdre beaucoup de parties utiles ; on doit dans ce cas soit faire des amendements, soit opérer des drainages ; un sol très-sablonneux est dans le même cas ;

6° Que le sol ne doit pas être trop incliné, car, s'il l'était, les rayons du soleil et la pluie causeraient une grande perte d'engrais par évaporation ou par l'entraînement des parties solubles.

On fournit l'engrais aux plantes de diverses manières, mais toujours dans le même but. Afin de raisonner cette partie de notre travail, nous indiquerons en peu de lignes les principales sources où la plante va puiser, dans nos engrais, les corps qu'elle renferme.

Le carbone de la plante provient de l'acide carbonique de l'air et des engrais.

L'azote est fourni par les engrais animaux, les urines, les marcs de graines oléagineuses.

La potasse et la soude s'achètent dans les fabriques de produits chimiques ; elles peuvent également être recherchées dans les cendres de diverses plantes marines ou dans le sel marin.

Le phosphore s'obtient des os calcinés, de l'urine humaine et de celle d'autres animaux.

La *chaux* se trouve dans le sol ainsi que la *magnésie ;* quand ces substances y manquent, on doit les ajouter sous forme d'amendement qui sert en même temps d'engrais.

Les autres matières que demandent les plantes se rencontrent en quantités suffisantes dans le sol ; on n'a donc pas à s'en occuper.

Nous résumerons ici en peu de mots les propriétés générales des engrais, d'après le travail beaucoup plus long de M. Ledocte, sur la chimie agricole.

L'engrais fournit à la plante les matières dont elle est composée; il provoque la désagrégation des terres argileuses; il produit de la chaleur et développe de l'électricité pendant sa décomposition; il retient l'humidité de l'air au profit du végétal; enfin, il ameublit le sol.

Les *engrais* se divisent en *engrais minéraux*, *engrais végétaux* (engrais verts) et *engrais animaux*. Les deux derniers proviennent de matières organiques en voie de décomposition. Quand un engrais végétal et un engrais animal sont mélangés ensemble, un tel mélange s'appelle un *fumier*.

On nomme *fumiers chauds* ceux qui proviennent d'excréments d'animaux qui se nourrissent de graines sèches ou de chair. Ce sont les plus azotés.

On nomme *fumiers froids* ou frais ceux d'animaux qui se nourrissent de végétaux, ce sont les plus aqueux.

En culture maraîchère on se sert pour engrais de *terreau* et de *paillis*. Le paillis est formé de fumier de cheval à demi consommé, c'est-à-dire court et cassant. On l'obtient en l'achetant, en l'enlevant des vieilles couches à melon, des anciennes meules à champignons et des débris de fumier neuf qu'on démolit pour faire les couches. On secoue le fumier avec une fourche, tout ce qui tombe n'est pas considéré comme paillis.

Chaque fois qu'on a labouré une planche, qu'on l'a dressée et râtelée, on doit la couvrir d'une couche de paillis épaisse de 6 à 8 millimètres et de manière à ce que la terre en soit parfaitement couverte, après quoi on peut planter.

On ne doit pas répandre le paillis avant la fin d'avril ou le mois de mai; toutes les récoltes plantées avant cette époque doivent simplement être terreautées, mais non paillées, car les gelées tardives, fixant l'humidité sous forme de glace dans le paillis, détruiraient les jeunes plantes.

Le terreau qu'on emploie en culture maraîchère provient du fumier des couches qu'on fait sur terre. Ces couches, produisant pendant plusieurs saisons, sont fortement arrosées, et en automne le fumier se trouve entièrement décomposé et changé en terreau gras. On brise alors ce terreau à la fourche, on le mêle avec celui qui était sur la couche, on le met en tas et on s'en sert ensuite pour l'étendre sur de nouvelles couches et pour faire des terreautages. Les couches faites dans les tranchées se couvrent de terre ordinaire; mais celles qu'on fait sur la terre se couvrent de terreau qu'on place sur le fumier sous forme d'une couche de l'épaisseur de 13 à 14 centimètres. C'est sur ce terreau, au moyen de châssis, qu'on opère les cultures précoces, et qu'on sème les radis, carottes, chicorée sauvage, ou qu'on plante les romaines, les laitues, les chicorées frisées, les chouxfleurs et d'autres légumes.

Le terreau sert encore pour terreauter les planches qu'on plante avant le mois de mai; on l'étend, de l'épaisseur de 2 ou 3 millimètres, sur la terre, de manière qu'elle en soit également couverte. On terreaute encore en d'autres saisons, comme nous le verrons en parlant des cultures; mais dans le commencement du printemps on doit préférer le terreau au paillis pour couvrir les planches, à cause des gelées tardives. Au moyen d'arrosements, les parties solubles du terreau, surtout si on y joint un peu de chaux ou d'autres bases, nourrissent les plantes (1).

(1) Voir Moreau et Daverne, Maffre, Ysabeau, Courtois-Gérard, etc.

Dans la petite culture maraîchère on peut se servir des balayures de rues pour remplacer une partie du terreau.

Le fumier de porcs, de lapin et de bergerie est également fort bon.

Quand le terreau est en tas, il est bon de le mouiller de temps en temps, en l'arrosant, afin d'empêcher son dessèchement.

Le noir animal et la poudrette ont souvent été employés avec succès dans la culture maraîchère, ainsi que la colombine (fumier de pigeonniers).

On peut encore jeter dans une fosse à demi pleine d'eau les déchets de feuilles, les trognons de choux, etc., provenant de l'habillage et du lavage des légumes ; ces parties, en se décomposant, forment au bout de quelques mois un bon terreau qu'on peut répandre sur les planches.

Quant à l'*eau*, elle est employée pour les *arrosements* en quantité notable ; celle qui provient de nos rivières est en général de fort bonne qualité. On transporte l'eau dans les jardins maraîchers, soit au moyen d'une cuve à deux oreilles portée sur deux bâtons, soit dans des tonneaux placés sur de petites charrettes, soit enfin au moyen de petits canaux (auges) en bois ou de tuyaux de plomb qui conduisent l'eau dans des tonneaux placés de distance en distance.

L'eau qui sert aux arrosements ne doit être ni trop froide (sortant d'un puits profond), ni contenir un excès de chaux carbonatée. Elle ne doit être ni bourbeuse ni contenir des résidus de fabriques.

Les arrosements doivent se faire le matin et le soir ; le soleil vient réchauffer le sol après les arrosements du matin, et la plante a soif après une journée chaude.

Quand les nuits deviennent longues et froides, il est bon d'interrompre les arrosements du soir.

Tous les légumes demandent à être arrosés à certaines époques.

Certaines plantes ne peuvent jamais être arrosées en plein soleil sans en souffrir beaucoup ; les melons, les cornichons, les romaines près de se coiffer, les escaroles, les chicorées bonnes à lier sont dans ce cas. Les romaines sont sujettes à se *moucheter*, c'est-à-dire à se couvrir de taches, après un arrosement mal entendu.

On se sert d'arrosoirs en zinc, en fer-blanc, en laiton, en cuivre rouge, etc.; les derniers sont les plus chers, mais les plus durables. On se sert en culture maraîchère d'arrosoirs à pomme, avec lesquels on opère des bassinages légers, des arrosements en plein et des arrosements à la *gueule ;* c'est-à-dire que dans ce dernier cas on verse l'eau par la bouche de l'arrosoir après avoir enlevé la pomme.

Un seul homme porte deux arrosoirs pleins et les vide tous deux en même temps, ce qui fait gagner beaucoup de temps. Les fig. 40 et 41 indiquent la forme des arrosoirs du maraîcher.

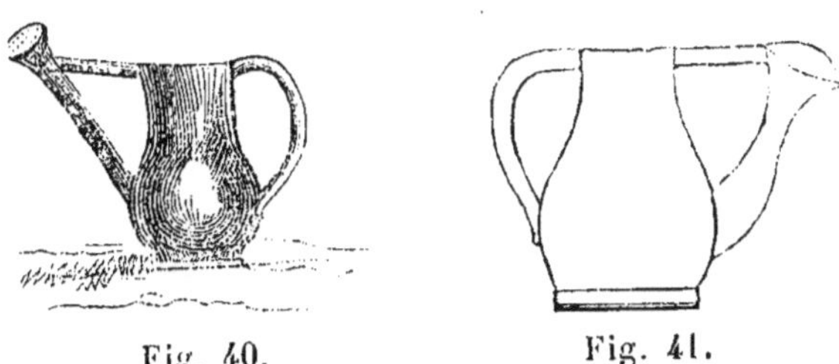

Fig. 40. Fig. 41.

En Angleterre on arrose au moyen de petites pompes portatives placées sur une brouette et construites sur un plan analogue à une pompe à incendie. Ces instruments sont économiques sous le rapport de la rapidité du travail et de leur force d'action.

FIN DE LA PREMIÈRE PARTIE.

TABLE DES MATIÈRES.

Pages.

INTRODUCTION 1

CHAPITRE PREMIER.

De la plante et de ses organes 5

CHAPITRE II.

Météorologie belge appliquée à la culture maraîchère. . 15

CHAPITRE III.

Études des phénomènes dans l'atmosphère 24
— Des vents. 28
— De la température. 34
— De la lumière 47
— De l'électricité. 52

CHAPITRE IV.

Études des corps que renferme l'atmosphère. 56
— Des brouillards 60
— De la pluie 65
— De la neige 68
— De la grêle, du verglas 70
— De la rosée 72

CHAPITRE V.

Climatologie 74

Pages.

CHAPITRE VI.

Météorognosie. 82
Pronostics des animaux . . . . ib.
— des végétaux 85
— des vents 87
— du baromètre. . . . . ib.
— des astres 89

CHAPITRE VII.

Prosatologie 90
Abris contre l'air. . . . . ib.
— contre le soleil. 94
— contre le froid. 96
— contre les vents . . . . ib.
— contre les corps aqueux 97

CHAPITRE VIII.

Du sol et du sous-sol 98

CHAPITRE IX.

Des instruments employés en culture maraîchère . . . 117

CHAPITRE X.

Chimie horticole. 140
De la composition des plantes potagères. . . . . . ib.
Des sources où le végétal va puiser ses aliments . . . 146
Des engrais. 153
Composition (des cendres) des plantes potagères les plus communes. 160

FIN DE LA TABLE.

BIBLIOTHÈQUE RURALE,

INSTITUÉE PAR ARRÊTÉ ROYAL DU 15 SEPTEMBRE 1848.

Ouvrages publiés en français et en flamand.

ANNUAIRE AGRICOLE. Un vol. avec tableau statistique	Prix : 1 fr. 25	cent.
MANUEL DE CULTURE. Un vol. avec planches gravées.	80	»
EMPLOI DE LA CHAUX EN AGRICULTURE. Un vol.	20	»
MANUEL DE COMPTABILITÉ AGRICOLE. Un vol.	40	»
MANUEL D'ARBORICULTURE, 2 vol. avec 205 pl. gravées.	1 fr. 55	»
MANUEL DE DRAINAGE. Un vol. avec 88 pl. gravées.	1 fr. 10	»
MANUEL DE CHIMIE AGRICOLE. Un vol. avec pl. gravées.	1 fr. 25	»
MANUEL D'IRRIGATION. Un vol. avec 100 pl. gravées.	60	»
CHOIX DES VACHES LAITIÈRES. Un vol. avec planches.	40	»
MANUEL DU MARÉCHAL FERRANT. Un vol. avec planches.	30	»
MANUEL D'HYGIÈNE. Un vol. avec planches.	75	»
MANUEL FORESTIER. Un vol. avec planches gravées.	30	»
TRAITÉ DES ENGRAIS ET AMENDEMENTS. Un vol. avec pl. grav.	55	»
TRAITÉ DES INSTRUMENTS D'AGRICULTURE. Un v. avec pl. gr.	90	»
DE LA CULTURE DES PLANTES OLÉAGINEUSES. Un vol. avec pl.	35	»
MANUEL DE MÉDECINE VÉTÉRINAIRE. Un v. avec pl. (1re partie).	55	»
DES INSTRUMENTS D'AGRICULTURE A L'EXPOSITION DE LONDRES. Un vol. avec 42 pl. grav.	55	»
LES VIGNES ET LES VINS. Un vol	30	»
MANUEL DE CULTURE MARAICHÈRE avec pl. (1re partie).	70	»

En vente chez le même éditeur :

COURS D'ÉCONOMIE RURALE. 2 vol. gr. in-18 avec planches. 4 fr.

BIBLIOTHÈQUE INDUSTRIELLE,

INSTITUÉE PAR ARRÊTÉ ROYAL DU 28 OCTOBRE 1848.

Ouvrages publiés en français et en flamand.

ALMANACH INDUSTRIEL. Un vol. avec pl. grav.	Prix : 50	cent.
GÉOMÉTRIE PRATIQUE. Un vol. avec pl. grav.	50	»
PRINCIPES DE PHYSIQUE. Un vol. avec pl. grav,	70	»
TRAITÉ DE CONSTRUCTION Un vol. avec pl. grav.	25	»
MANUEL DU TISSERAND. Un vol avec pl. grav.	25	»
DE LA CONNAISSANCE DES MÉTAUX, Un vol. avec pl. grav.	50	«
MANUEL DE CHIMIE APPLIQUÉE. Un vol. avec pl. grav.	45	»
DE LA CHARPENTE. Un vol. avec pl. grav.	45	»
DE LA CONNAISSANCE DES BOIS. Un vol. avec pl. grav.	40	»

Chaque volume joliment relié coûte **50** *centimes de plus.*

www.ingramcontent.com/pod-product-compliance
Lightning Source LLC
LaVergne TN
LVHW012002220826
846092LV00001B/227

* 9 7 8 2 3 2 9 7 9 3 5 1 1 *